"十四五"普通高等教育本科部委级规划教材

服装材料与应用

FUZHUANG CAILIAO YU YINGYONG

（第2版）

U0241671

陈娟芬　陈东生　主编

中国纺织出版社有限公司

内 容 提 要

服装材料不仅诠释着服装风格和特征，而且直接影响着服装的色彩和造型的表现效果。本书分为服装材料基础知识模块和服装材料核心知识应用模块两部分，服装材料基础知识模块阐述了服装用纤维、纱线、织物组织结构与特征、染整和织物服用性能与风格特征基本理论知识；服装材料核心知识应用模块阐述服装常用面料和辅料，并以典型服装为载体，指导学生对服装面料和辅料进行正确选择。本书以网络平台作为技术支撑，教学材料包括PPT、视频、试题库以及问题解答、编者和使用者的交流互动区等，形成了"立体化"教材，直观性和针对性强，有利于对理论知识的学习和掌握。

本书可作为高等服装院校服装相关专业的教材，也可供从事服装专业的技术人员阅读和参考。

图书在版编目（CIP）数据

服装材料与应用 / 陈娟芬，陈东生主编 . --2 版
. -- 北京：中国纺织出版社有限公司，2021.8（2022.8重印）
　　"十四五"普通高等教育本科部委级规划教材
　　ISBN 978-7-5180-8652-8

　　Ⅰ.①服… Ⅱ.①陈… ②陈… Ⅲ.①服装－材料－
高等学校－教材 Ⅳ.① TS941.15

中国版本图书馆 CIP 数据核字（2021）第 115502 号

责任编辑：谢婉津　　责任校对：王花妮　　责任印制：王艳丽

中国纺织出版社有限公司出版发行
地址：北京市朝阳区百子湾东里 A407 号楼　邮政编码：100124
销售电话：010—67004422　传真：010—87155801
http://www.c-textilep.com
中国纺织出版社天猫旗舰店
官方微博 http://weibo.com/2119887771
北京通天印刷有限责任公司印刷　各地新华书店经销
2014 年 8 月第 1 版　2021 年 8 月第 2 版　2022 年 8 月第 2 次印刷
开本：787×1092　1/16　印张：14
字数：244 千字　定价：58.00 元

前 言
PREFACE

本教材以网络教学平台作为技术支撑，与在线教学资源相互依托，形成了以教学内容为依托的 PPT、视频、MOOC 以及问题解答、编者和使用者的交流互动区的"立体化"教材，达到教学内容与时俱进，实现借助移动终端随时随地自主学习，通过先进教学模式配合，可以强化培养学生自学能力、思考能力和获取知识的能力。

本教材是编者多年来研究与教学实践的总结，坚持以立德树人为根本任务，在 OBE 理念指导下，课程知识融合思政元素，遵循知识、能力、素质协调发展的教学理念，注意培养学生应用所学的理论知识解决服装材料在服装设计和服装工程中遇到的问题，以培养分析问题和解决问题为目标，为全方位开展课程教学打下基础。本书可供高等应用型院校服装设计专业教学和有关服装设计专业人员参考使用。

本书整体布局上分为服装材料基础知识、服装材料核心知识应用两大模块，服装材料基础知识模块阐述了服装材料的纤维、纱线、织物组织结构与特征、服用织物染整等基本理论知识；服装材料核心知识应用模块阐述服装常用面料与辅料，并以典型服装为载体，对服装面料和辅料进行应用阐述，有利于学生系统、全面、深入地认识和把握服装材料，正确合理地将材料运用于服装中。

本书由陈娟芬、陈东生担任主编，对全书进行了总撰、编写和定稿，董春燕、廖师琴担任副主编。全书各章节分工如下：本书中绪论、第一章、第二章由陈娟芬、陈东生编写；第三章、第四章由董春燕编写，第五章由董春燕、周心怡编写，第六章由廖师琴、胡力主编写，第七章由陈娟芬编写，第八章由廖师琴编写，第九章由陈娟芬、楚久英编写，最后由陈娟芬、陈东生统稿。

由于编者水平有限，加之时间仓促，本书内容上出现疏漏和不足在所难免，希望广大同仁和读者给予批评指教。

编者
2021 年 4 月 20 日

教学内容及课时安排

章（课时）	课程性质（课时）	节	课程内容
绪论 （2课时）	课程导论 （2课时）		● 服装材料构成要素及服装材料重要性
第一章 （6课时）	基础理论知识 （22课时）		● 服用纤维
		一	服用纤维概述
		二	天然纤维
		三	化学纤维
		四	新型服用纤维
		五	服装材料纤维鉴别
第二章 （2课时）			● 服装用纱线
		一	纱线结构
		二	纱线的分类
		三	纱线对面料的影响
第三章 （4课时）			● 织物组织结构与特征
		一	织物分类
		二	常用织物结构与特征
		三	非织造布
第四章 （2课时）			● 服用织物染整
		一	印染前预处理、染色和印花
		二	整理
第五章 （8课时）			● 织物服用性能与风格特征
		一	服用织物的服用性能
		二	服装材料的加工性能与评价
		三	服用织物风格特征

章（课时）	课程性质（课时）	节	课程内容
第六章 （12课时）	核心知识应用 （24课时）		● 服装用面料
		一	机织面料
		二	针织面料
		三	毛皮与皮革
第七章 （4课时）			● 服装辅料
		一	服装里料
		二	服装衬垫料
		三	服装填料
		四	服装用缝纫线
		五	服装扣紧材料与装饰材料
第八章 （6课时）			● 服装典型品种的选材
		一	内衣
		二	童装
		三	正装
		四	礼服
		五	休闲装
		六	运动装
第九章 （2课时）			● 服装标志与保养
		一	纺织品服装标识信息
		二	服装的洗涤
		三	服装材料的熨烫整理
		四	服装的保管

注：各院校可根据自身的教学特色和教学计划对课程时数进行调整。

目 录
CONTENTS

绪论

课题名称：绪论 课题时间：2课时

📖 课题内容

1. 服装材料的构成要素
2. 服装材料的发展趋势
3. 本课程的学习内容和学习方法

⏱ 教学目标

1. 掌握服装材料的构成要素
2. 掌握服装材料的发展趋势
3. 树立可持续发展理念
4. 提升信息素养，树立终身学习理念

教学重点：服装材料构成要素；服装材料发展趋势

教学方法：线上线下混合教学

教学资源：

一、服装材料概述

在现代社会，服装象征着身份、地位和对美的表达和追求，服装具有实用性和艺术性。服装实用性体现在服装具有包覆性能和防护性能的基本功能；服装艺术性体现在满足人们精神需要，即精神上的愉悦体验、美化自己和美化生活。当然服装受社会因素、心理因素、经济因素等的影响。服装是指什么？从狭义角度来看，服装是指人们穿着的各种衣服；从广义角度来看，服装是指人体的着装状态，是指包裹在人体各部位或某部位的物品的总称。服装材料是指什么？服装材料是指构成服装的所有用料。

1. 服装材料分类

根据服装材料在服装中主次作用分，服装材料可分为服装面料和辅料。

（1）服装面料。面料是指构成服装的基本用料和主要用料，对服装的款式、色彩和功能起主要作用，一般指服装最外层的材料。

（2）辅料。辅料是指构成服装时除面料以外的所有用料，它起着辅助作用。辅料包括里料、衬料、垫料、填充材料、缝纫线、纽扣、拉链、钩环、尼龙搭扣、绳带、花边、标识和号型尺码带等。

2. 服装材料构成

服装材料构成要素主要有纤维、纱线、组织结构、图案与色彩、后整理加工等，这些要素影响着服装材料外观形态、内在性能和风格特征。

（1）纤维。纤维是服装材料的基石。因此，不同的纤维组成对服装面料的风格及性能影响尤为重要。常用的服用纤维有天然纤维（如棉、毛、丝、麻等）和化学纤维（如黏胶纤维、涤纶、锦纶、腈纶、氨纶等）。纤维通常通过纺织加工形成纱线和织物。

（2）纱线。在生活中常常使用的纱线有缝纫线、毛线和饰带等，它是构成纺织织物的直接材料。纱线原料不同、粗细不同，直接对织物的材质风格（如厚薄、光感、软硬度等）和性能（如吸湿性、伸缩性等）产生影响。在服用面料设计中往往利用纱线的造型和色彩的配置，以改善其服用性能并给予各种不同的材质风格。

（3）组织结构。服装织物的构成方式主要有机织、针织、编织及纤维集合等，它们采用了不同组织结构构成不同材质风格、不同织纹肌理、不同内在性能的织物。组织是将纤维和纱线交织成面料并使其拥有不同的纹理和风格，织物结构参数如密度和紧度等是决定织物风格和织物品质的重要指标。

（4）图案与色彩。人们常说："远看颜色近看花"，色彩与图案对面料起着举足轻重的作用，图案与色彩是通过染色工序与纺织工序结合来达到的。色彩图案一方面能体现面料的时尚潮流特色，另一方面能体现面料的文化性和艺术性，比如，如果设计师通过对有一定吉祥寓意的纹样进行造型、色彩和组织方式的创新，使图案既具有一定的时尚气息，又传达人们对美好生活的向往与追求，能满足特定消费群体的审美需求。

（5）后整理加工。为了改善服用面料的外观和手感，增强服用性能，提高产品附加值，织物往往进行各种整理加工。比如在日常生活中的洗可穿纯棉休闲裤、机可洗羊毛衫、防晒服装和防辐射服装等。

二、服装材料的重要性

服装是每个人个性、品位与归属感等的呈现。从服装的三大要素来看，服装材料是服装的物质基础，无论是服装款式还是服装色彩图案都必须通过服装材料来体现，从消费者对服装评价和要求来看，服装的外观审美、服装的安全舒适性、服装时尚流行性、服装的易打理性和服装的耐用性和经济性都要通过服装材料来体现。

1. 服装的外观审美性

人们在选择服装时即表达了不同的审美观念，有的表达身份地位，有的表达生活中的情感；有的以呈现优雅为美，如图1所示2021春夏巴黎ElieSaab女装礼服；有的以酷帅为美；有的则是清新可爱为美，还有以妩媚动人为美，如图2所示立体花卉Marina by Blanc女装婚纱……这些是人们在审美方面的不同理解和表达，寓审美于实用之中，融实用于审美之内，这些服装外观审美表达都离不开选择合适的面料来体现。

图1 ElieSaab女装礼服   图2 Marina by Blanc女装婚纱

2. 服装的安全舒适性

随着人们生活水平的提高，消费者更加追求轻松、安全、舒适的生活方式，于是越来越关注服装是否能满足生理上和心理上的安全性和舒适性，比如，服装中"运动风"，体现对轻便、透气和活动自如等舒适性的关注，如图3所示始祖鸟速干T恤，在外界条件相同的情况下，迅速地将汗水转移到衣服的表面，通过空气流通将汗水蒸发达到速干的目的，一般的速干衣的干燥速度比棉织物要快50%；如图4所示舒弹抗菌服装采用杜邦公司所研发的SORONA生物基弹力纤维，不但具有抗菌抑菌效果，还具有一定的冰凉感，消费者对服装的pH含量、甲醛含量和重金属含量的关注也是对安全性的关注，从上面可以看出，安全舒适性离不开面料的安全舒适性。

图3　始祖鸟速干T恤　　　　图4　SORONA生物基弹力纤维服装

3. 服装时尚流行性

随着社会的发展，消费者进行时尚消费以满足精神需求，以此体现自我价值，时尚消费体现出消费者的社会地位、生活品位和社会认同等符号价值。随着现代便捷的媒体传播，时尚带给消费者一种愉悦的心情、优雅的品味或不凡的感受，时尚流行元素服装一直受消费者喜爱。服装时尚很大一部分取决于该服装所包含的时尚流行元素，如款式、色彩图案、材质工艺、装饰附件等。比如，中国元素在全世界越来越流行，POP服装趋势中东方意蕴—女装礼服主题企划中，Shiatzy Chen将极具艺术性的山水画作以印花的方式呈现，提升产品的审美趣味、文化修养和艺术价值（图5）。

图5　Shiatzy Chen服装

4. 服装的生态环保性

随着对可持续发展认识的日渐深刻，人们更加关注企业的社会责任与环保意识，消费者更加重视从设计、生产、销售到使用，直至最后处理的整个生命周期内会不会对生态环境带来危害。越来越多的时装设计师开始关注可回收设计与可持续发展设计，他们将设计的定位与材料都放在了保护环境的初衷中。生活中我们常看到彩棉内衣、有机棉童装内衣、天丝T恤和植物染围巾就是典型案例，图6是玉米纤维（又称聚乳酸PLA）生态循环链示意图。

图6　玉米纤维生态循环链

5. 服装的易打理性

在快节奏的生活中，消费者对服装的保型、免烫、防污、易打理性能也越来越重视，更青睐那些省时、省力且容易保养的服装，如可机洗、免烫等服装深受消费者喜爱；同时消费者希望服装具有优异的防污功能和有污物时易于去除，比如，纳米技术的易打理面料不但已广泛应用于羽绒服、休闲装等日常服装中，还应用于工作服、户外和体育运动服中，颇具人性与环保之创新风尚。

三、服装材料的发展趋势

服装是以文化为底蕴、市场为导向、艺术为载体和技术为支撑，当前国际服装材料的发展趋势主要呈现出新素材、新工艺、新风格等特点，具体呈现多种服装材料组合、突出轻薄化和要求面辅料配套化的趋势，从而达到强调服装材料科技化、功能化和智能化，注重服装材料审美性和引领服装材料生态环保性目的。

1. 强调服装材料科技化、功能化和智能化

随着科技时代的到来，服装材料已经突破了织造物的束缚，通过各种物理手段、化学改性、改形及整理方法，增加技术含量，提高服装附加值，使服装材料具有阻燃、隔热、防霉、防菌等特殊功能，以满足特殊场合的需要，目前新型智能化服装材料正在向着复合化的方向发展，其抗菌功能与形态记忆功能都日渐增强。

新型纤维开发和应用。新型纤维服装在消费者户外活动、体育运动等方面体现得尤其明显，比如，以在高热条件下的吸湿和放湿为特征的新型纤维，包括高吸湿、快放湿的新型纤维材料和"空调纤维"，如美国杜邦公司开发的新型涤纶纤维Coolmax、中国台湾中兴开发的新型涤纶纤维Coolplus；还有以保暖为特征的新型材料，采用中空、超细的新型纤维，因其导热系数小，所以保暖性好，如3M的新雪丽、英威Thermolite。

多功能服装面料层出不穷。织物在后整理加工上也层出不穷，如采用纳米技术远红外功能整理，因为远红外具有蓄热保温、抗菌、促进生理微循环和血液循环的作用，因而保暖效果大大提高，使防寒服装轻薄化；还有在户外运动服上使用新型防水透湿型面料，常见复合织物因表面的胶合薄膜达到抵御外来的雨水、霜雪的作用，而接近皮肤那侧的微孔疏水层能及时放湿到空气中，其透湿作用是单向进行，外面的水分无法渗入，人体的湿气则可放出，从而达到防水透湿的功能。

3D打印服装材料。随着科学技术发展，不需要通过手工缝纫或机器制作，利用3D打印技术从面料直接制作出完美的衣服。比如，由设计师Jenna Fizel和Mary Huang设计、

由三维打印公司制作的N12型比基尼，它是全世界第一套完全通过3D印刷、立即可穿的衣服。

2. 注重服装材料审美性

随着时代变化，人类知识结构和审美情趣会不断改变，服装材料是服装体现时尚性、文化性和艺术性的载体，其外观和质地都在不断地跟随人们的物质生活和审美情趣在不断地变化，使面料更符合时代审美的要求，服装材料呈现不断组合创新的趋势，立足于消费者不同的审美要求，运用丰富且统一的面料语言来表现明确主题和鲜明风格，满足消费者多元多极风格，比如视觉肌理上，除了要求符合流行趋势外，更追求新颖质地的面料肌理与独特的图案表现肌理。

3. 引领服装材料生态环保性

面料与我们的日常生活息息相关，当今面料生态性是指那些采用对周围环境无害或少害的原料制成的并对人体健康无害的纺织产品。从生产生态学的角度，关注面料原料的选择、加工过程、染色和整理以及日后的护理；从人类生态学的角度，关注面料中残留有毒物质对人体健康的影响；从处理生态学的角度，关心面料可回收利用、自然降解、废物处理中释放的物质对环境是否无害。因此设计师们不但关注面料中所有的有害物质以及潜在的有毒物质，并且也关注在面料的加工过程中是否使用这些有毒有害的物质和在废弃时是否能自然降解或处理时是否释放有毒气体而影响我们的生存环境。

四、本课程学习内容和学习方法

服装材料学的研究内容主要是服装面料与辅料及其应用，具体来说是研究其组成、结构、性能和应用。在常用的服装材料中，绝大多数是织物，织物的加工过程为纤维经过纺纱形成纱线，纱线经过织造形成织物（坯布），坯布经过染整就成为成品织物。从织物的加工过程可以看到，每一个因素都会影响成品的性能，比如同样采用棉花为材料，由于生产纱线的粗细不同，可以生产出轻薄的衬衫面料和厚实的风衣面料。

因此，本课程的研究内容有：

（1）研究服装材料所具有的各种性能，包括各种性能的意义、指标和测试方法。

（2）研究影响服装材料各种性能的因素，包括从原料品种到加工工艺等诸多方面。

（3）不同服装面料的正确识别。

（4）典型服装合理正确选择服装材料。

学习服装材料的目的是运用服装材料理论知识正确选择服装材料和合理自如运用服装

材料的能力。要达到这一目的，必须在学习理论的基础上，搜集各类服装材料信息素材和实物，了解品牌服装面料和纺织品流行趋势，反复实践，在实际穿着、设计和制作的过程中，对理论进行理解和运用。

思考与练习

1. 为什么服装材料是构成服装的物质基础？
2. 试述服装材料发展趋势。
3. 简述消费者对服装评价与需求要素有哪些？
4. 简述服装材料构成要素，并用图片说明。
5. 调查典型服装品类的服用性能。

第一章
服用纤维

课题名称：服用纤维　　　　课题时间：6课时

📘 课题内容

1. 服用纤维概述
2. 天然纤维
3. 化学纤维
4. 新型服用纤维
5. 服装材料纤维鉴别

◎ 教学目标

1. 掌握服装用纤维结构特征及基本性能
2. 掌握常见纤维的鉴别方法
3. 树立可持续发展理念
4. 提升信息素养，树立终身学习理念

教学重点：常见天然纤维的主要服用性能；运用服用纤维结构和性能进行鉴别

教学方法：线上线下混合教学

教学资源：

在选购夏季服装的时候，我们经常会强调要买棉的，在国家GB 5296.4—2012《消费品使用说明　第4部分：纺织品和服装》中规定服装纤维成分及含量应在服装耐久性标签上正确标注，见表1-1。说明了服装纤维在服装中有着举足轻重的作用。

表1-1　服装标签

产品名称	高领套头羊绒衫
规　格	105
主要成分	100% 羊绒
洗涤方法	🧺 ⬜ ♨ Ⓟ 👕
贮藏要求	放置阴凉干燥处，注意防蛀
执行标准	FZ/T 73009—1997
产品等级	优等品
检验合格证	检
生产企业	×××××××

第一节
服用纤维概述

一、服用纤维定义

纤维是什么？其实纤维就在我们身边，如图1-1所示，经过加工后的棉纤维可以成为衬衫面料；如图1-2所示，经过加工后的麻纤维可以生产出夏季吸汗透气的服装面料；如图1-3所示，经过加工后的蚕丝可以生产出女士礼服面料；如图1-4所示，绵羊毛经过加工可生产出保暖性极佳的羊毛衫和西装等。

纤维是指细度很细，直径一般为几微米到几十微米，而长度比细度大百倍、千倍以上柔韧而纤细的物质，比如：肌肉、棉花、叶络、毛发等。在纤维中能够用于生产纺织制品

图1-1 棉花

图1-2 麻

图1-3 蚕茧

图1-4 绵羊

的纤维才能称为纺织纤维，是各种纺织制品中的最小可见的单元。在纺织纤维中作为生产服装用料的纺织纤维称为服用纤维。

二、服用纤维的分类

服用纤维的种类很多，一般按其来源和纤维形态来进行分类。

1. 按纤维来源分类

（1）天然纤维：天然纤维是指在自然界中生长形成或与其他自然界物质共生在一起，直接可用于纺织加工的纤维，比如棉、麻、蚕丝和毛等。天然纤维可分为植物纤维（纤维素纤维）、动物纤维（蛋白质纤维）和矿物纤维。

（2）化学纤维：化学纤维以天然或合成的高分子物质为原料，经化学制造和机械加工而得到，简称化纤。化学纤维根据来源不同可分为人造纤维（又称再生纤维）、合成纤维和无机纤维，比如：黏胶、涤纶等。

人造纤维（又称再生纤维）是指以天然高分子物质为原料，如木材、棉短绒、花生、大豆、酪素等，经化学处理与机械加工而制成的纤维，比如：黏胶、天丝、莫代尔，等等。

合成纤维是指以简单化合物为原料（从石油、煤、天然气中提炼得到），经一系列繁复的化学反应合成的高聚物，再经化学制造与机械加工而制成的纤维，比如：涤纶、锦纶、腈纶、丙纶、氨纶等。

无机纤维是指以无机物为原料制成的纤维，比如：玻璃纤维、陶瓷纤维和金属纤维等。

服用纤维的详细分类见表1-2。

表1-2　服用纤维分类

天然纤维	植物纤维 （天然纤维素纤维）	棉、木棉、亚麻、苎麻、大麻、罗布麻
	动物纤维 （天然蛋白质纤维）	绵羊毛、山羊毛、马海毛、兔毛、骆驼毛 桑蚕丝、柞蚕丝、蓖麻蚕丝、木薯蚕丝
	矿物纤维	石棉
化学纤维	人造纤维 （再生纤维）	黏胶纤维、铜氨纤维、醋酯纤维、天丝、莫代尔 竹纤维、大豆纤维
	合成纤维	聚酯纤维（涤纶）、聚酰胺纤维（锦纶）、聚丙烯腈纤（纶）、聚丙烯纤维（丙纶）、聚氨基甲酸酯纤维（氨纶）、聚乙烯醇纤维（维纶）、聚氯乙烯纤维（氯纶）、其他纤维（芳纶等）
	无机纤维	玻璃纤维、金属纤维

2. 按纤维形态分类

按照纤维的长短可分为长丝、短纤，其中化学长丝是纤维在加工中得到的连续丝条，不经过切断工序的，又可分为单丝和复丝；化学短纤维是纤维在纺丝加工中通过切断而加工成各种长度规格的短纤维。按照截面可分圆形和异形纤维。按照粗细可分为粗纤维和细纤维等。

三、服用纤维的基本性能

1. 机械性能

纤维的机械性能直接影响织物和服装的耐用性和外观，通常用断裂性能、延伸性、刚性和弹性来衡量。其中断裂性能和延伸性影响服装的耐用性，一般情况下，纤维强度越高，纤维就越牢，在其他条件相同的条件下，织物越结实。延伸性可以使织物在受外力作用时提高织物的耐用性。刚性影响织物的手感和悬垂感，刚性大的纤维难以弯曲，制成的纺织品手感硬挺、垂感差。弹性影响产品的抗皱性和外观保持性，弹性好的纤维不易形成折皱，外观保持性好。

2. 吸湿性

吸湿性是指纤维在空气中吸收或放出气态水的性能。一般来说，吸湿性好的纤维，其织物能吸收较多的汗液，不易积蓄静电，穿着舒适，便于洗涤和染色。

3. 热学性能

纤维的热学性能通常包括导热性、耐热性、热塑性和燃烧性等方面。

纤维传导热量的能力，称为导热性，它直接影响最终产品的保暖性和触感，导热性差，手感温暖，保暖性好。比如空气的导热性小于纤维，因此使用中空纤维可以提高保暖性。

纤维的耐热性是指纤维抵抗高温的能力。纤维超过一定的温度后，会出现强度下降、弹性消失甚至熔化等现象。以合成纤维为例，受热后会出现收缩并熔融现象，因此在服装制作加工过程中要根据纤维类别把握温度，避免产生不必要的热收缩或损坏。

热塑性指纤维在一定的温度和外力的作用下使织物变形并能使形态稳定下来的性能。如西裤的烫迹线、百褶裙的褶裥都是利用纤维的热塑性进行热定形而形成的。

纺织纤维是否易于燃烧及在燃烧过程中表现出的燃烧速度、熔融、收缩等现象称为纤维的燃烧性能。纤维素纤维与腈纶易燃，接触火焰时迅速燃烧，即使离开火焰，仍能继续燃烧。羊毛、蚕丝、锦纶、涤纶、维纶等也是可燃的，接触火焰后容易燃烧，但燃烧速度较慢，离开火焰后能继续燃烧。氯纶等纤维是难燃的，接触火焰时燃烧，离开火焰后，自行熄灭。石棉、玻璃纤维是不燃的，即使接触火焰，也不燃烧。

一、植物纤维

（一）棉

棉花从何而来？据现有历史考证材料可以确定，其来自印度河流域，我国从南宋后期到元代，是棉花种植推广的历史节点，宋末元初著名棉纺织专家和技术改革家黄道婆在其中发挥着不可小觑的作用。棉花产量高，可纺性强，服用性能优良，是当今纺织工业中的主要原料。世界主要棉产地分布在尼罗河流域、中国、美国和印度等。

根据棉纤维的粗细、长短和强度，可分长绒棉、细绒棉和粗绒棉。

长绒棉（又称海岛棉）是一种细长、富有光泽、强力较高的棉纤维，主体长度30~60mm。是棉纤维中品质最好的，可纺很细的纱，生产高档织物或特种工业用纱，为世界次要栽培种。

细绒棉（又称陆地棉）产量较高，纤维长，品质好，是世界上的主要栽培种，主体长度23~33mm。

粗绒棉（又称亚洲棉）是中国利用较早的天然纤维之一，已有2000多年历史，纤维粗而短，主要长度在20 mm左右。种植面积很少，基本作为种子源保留。

1.形态特征

棉纤维纵向呈细而长的扁平带状，具有天然转曲，正常成熟的纤维天然转曲较多。正常的棉纤维横截面呈不规则的腰圆形，有中腔，如图1-5所示。

图1-5　棉纤维的横、纵截面

2. 主要服用性能

棉纤维由于天然转曲的存在，纤维光泽暗淡，织物外观风格自然朴实，棉纤维染色性好，色泽鲜艳，色谱齐全，但色牢度不够好。棉纤维具有良好的吸湿性，标准回潮率为7%~8%，穿着舒适。棉纤维细度小，棉织物手感柔软，棉纤维保暖性较好，有温暖感，是理想的内衣面料。棉纤维耐热性和耐光性良好，但长时间曝晒会引起褪色和强力下降。棉织物弹性较差，容易产生皱折，且折痕不易恢复。无机酸对面料有水解作用。棉织物耐碱性较好，若用20%烧碱液处理，面料会剧烈收缩，断裂强度明显增加，并获得耐久的光泽，这就是常说的"丝光作用"。

微生物、真菌易使棉织物发霉、变质。

（二）麻

麻纤维是最早被人类所使用的纺织原料，种类很多，如苎麻、亚麻、罗布麻、黄麻、大麻、蕉麻等，其中以罗布麻最软，质量较好，但产量较少，而苎麻和亚麻目前产量最大，使用最广。

麻纤维多粗细不匀、截面不规则，其纵向有横节纵纹。颜色为象牙色、棕黄和灰色，不易漂白染色，而且具有一定色差。织物的光泽与整理过程有关，经丝光整理后可具有真丝般光泽，经整理也可使粗糙的手感变得柔软和光滑。

1. 形态特征

苎麻纵向呈带状，无转曲，有中腔，两端封闭呈尖状，表面有竖纹及横节、裂节或纹节。横截面呈腰圆形或扁圆形，内有中腔，呈长带状。长度为20~250mm，参差不齐。亚麻横截面呈五角形或六角形，也有中腔，长度较苎麻纤维短，平均为17~25mm。如图1-6所示。

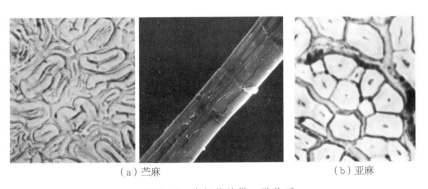

（a）苎麻　　　　　　　　　　　　　　（b）亚麻

图1-6　麻纤维的横、纵截面

2. 主要服用性能

麻纤维的光泽较好，有自然颜色，麻纤维的粗细差异大，长短不一，它纺成的纱线条干粗细不均匀，所以麻织物外观粗犷，具有立体感。天然纤维中麻的强度最高，因此各种麻布的质地均较坚牢耐用。麻纤维具有良好的吸湿性，标准回潮率为12%～13%，吸湿快，放湿快，导热性优良。麻织物手感挺硬，穿着不贴身，夏季穿着凉爽。麻织物的染色性能好。原色麻坯布使麻布服装具有自然纯朴的美感。麻纤维弹性差，易起皱且不易消失，在与涤纶混纺或经防皱整理后可以得到改善。麻纤维耐腐蚀性好，不易霉烂、虫蛀。在洗涤时使用冷水，不要刷洗，否则会有起毛现象。

二、动物纤维

（一）毛纤维

毛纤维为天然蛋白质纤维，在服装材料中常用毛纤维有绵羊毛、山羊绒、马海毛、兔毛等。服装面料中使用最多的是绵羊毛，在纺织上所说的羊毛狭义上专指绵羊毛。由于羊的品种、产地和羊毛生长部位等的不同，品质有很大差异。澳大利亚、俄罗斯、新西兰、阿根廷、南非和中国都是世界上的主要产毛国，其中澳大利亚的美利奴羊是世界上羊毛品质最为优良的，也是产毛量最高的羊种。

1. 羊毛

（1）形态特征。羊毛纤维的形态为纵向自然卷曲，纤维表面有鳞片覆盖，截面形态结构近似圆形或椭圆形，如图1-7所示。羊毛纤维长度为50～120mm。

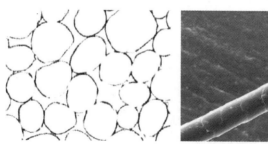

图 1-7　羊毛纤维的横、纵截面

（2）主要服用性能。羊毛纤维天然卷曲，导热系数小，保暖性能很好。羊毛纤维吸湿性很强，标准回潮率15%～17%，在常见纺织纤维中最好。羊毛纤维弹性恢复率高，抗皱能力强，挺括平整。羊毛纤维易于成形，可塑性好，具有很好的归拔性能。

羊毛纤维染色性优良，色谱齐全，且色牢度好。羊毛纤维具有独特的缩绒性，缩绒性是指羊毛织物由于羊毛纤维表面细微鳞片覆盖，在湿、热及机械力的作用下发生的毡缩现象，在现实生活中羊毛衫洗涤后缩小其实就是羊毛缩绒性的体现。羊毛纤维不宜在太阳下曝晒，太阳光中紫外线对织物有破坏作用。羊毛纤维耐干热较差，湿态下耐热较好，因此熨烫时要垫湿布。

（3）羊毛纤维发展趋势。常见的羊毛是黄白色的纤维，彩色羊毛是指在生长时就具有色彩的羊毛。俄罗斯畜牧专家研究发现，给绵羊饲喂不同的微量金属元素，能够改变绵羊毛的毛色，如铁元素可使绵羊毛变成浅红色，铜元素可使它变成浅蓝色等。他们最近研究出具有浅红色、浅蓝色、金黄色及浅灰色等奇异颜色的彩色绵羊毛。

长期以来，羊毛只能作为秋冬季服装的原料，未能在夏季服装中发挥特长。据澳大利亚联邦科学和工业研究组织（CSIRO）研究证明，羊毛不仅具有通过吸收和散发水分来调节衣内空气湿度的性能，而且具有适应周围空气的湿度调节水分含量的能力。

要发挥羊毛"凉爽"的特性，使羊毛也能成为夏季服装的宠儿，必须解决羊毛的厚重感、缩绒性及扎刺感等问题。表面改性羊毛满足了以上要求。表面改性羊毛是先进行羊毛的氯化处理，这不但消除了羊毛的缩绒性，而且使羊毛纤维变得更细，织物表面变得光滑，强力提高，而且容易染色，并且极大地提高了羊毛的应用价值和产品档次，用它织成的毛针织品具有丝光般的光泽，可洗性好，穿着舒适无扎刺感，染色和印花更鲜艳，比如可机洗羊毛衫、丝光羊毛衫就是其应用的例子。

2. 马海毛

马海毛又称安哥拉山羊毛，马海毛纤维较长，毛长120～150mm，但比羊毛粗，色泽洁白光亮。纤维较少卷曲，弹性足、强度高，不易收缩也难毡缩。

3. 兔毛

纺织用兔毛主要来源于安哥拉兔和家兔。纤维表面平滑，蓬松顺直，长度比羊毛短，纤维之间抱合力稍差，纺织用的兔毛颜色洁白如雪，光泽较亮，柔软蓬松，保暖性强。由于兔毛强度低，抱合力较差，不宜单独纺纱。

（二）蚕丝纤维

蚕丝让人联想到丝绸，丝绸又会联系到"丝绸之路"，而"丝绸之路"文化精神彰显中华民族文化自信。蚕丝是什么呢？它是蚕吐丝而得到的天然蛋白质纤维，光滑柔软，富有光泽，穿着舒适，被称为纤维皇后。丝绸最早产于中国，目前我国蚕丝产量仍居世界第一。蚕丝分为家蚕丝（桑蚕丝）和野蚕丝（如柞蚕丝）。

1. 形态特征

蚕丝是长丝，是天然纤维中唯一的长丝，其细度是天然纤维中最细的，纵向平直光滑，截面呈不规则的三角形或椭圆形，如图1-8所示。

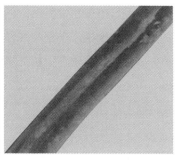

图1-8　蚕丝纤维的横、纵截面

2. 桑蚕丝服用性能

桑蚕丝织物色白细腻、光泽柔和明亮、手感爽滑柔软、高雅华贵，为高级服装用料。桑蚕丝吸湿性好，标准回潮率为8%～9%，夏季穿着舒适；桑蚕丝导热系数小，保暖性能好；桑蚕丝耐光性能差，在日光照射下，桑蚕丝易发黄变脆，强力下降。桑蚕丝耐稀酸不耐碱，故洗涤时一般不能用碱性肥皂、洗衣粉。

3. 柞蚕丝的服用性能

柞蚕丝织物色黄光暗，外观较粗糙，手感柔而不爽、略带涩滞、坚牢耐用、价格便宜，为中档服装及时装衣料。柞蚕丝溅水干后有水渍。柞蚕丝的均匀度、光泽不如桑蚕丝，但吸湿性、强度和耐光性比桑蚕丝强。

第三节
化学纤维

一、化学纤维制备

化学纤维的原料来源、分子组成、成品要求不同，制造方法不同，但化学纤维的获得，都要经过纺丝液的制备、纺丝和后加工三个生产过程。

1. 纺丝液的制备

这是将高分子提纯或聚合，制备成适于纺丝的高分子材料（高聚物），并将其制成纺丝液的过程。人造纤维的原料是天然高分子物质，要进行化学纤维生产，必须对原料进行提纯，除去杂质，将纤维素从木材、棉短绒中分离出来，制成纯净的浆粕，也就是纺丝液。合成纤维则是以煤、石油、天然气等为原料制成单体，经聚合成高分子聚合物，再制成纺丝液。

2. 纺丝

纺丝是将成纤纺丝液从喷头的喷丝孔中压出，呈细丝流状，并在空气或适当介质中凝固成细丝的过程。

3. 后加工

纺丝后初生纤维强度低，伸长很大，没有实用价值，所以必须进行一系列后加工，制成各种性能、规格的纺丝纤维。短纤维后加工包括集束、拉伸、上油、热定形、卷曲和切断等工序。长丝后加工包括拉伸、加捻、热定形和络丝等工序。

二、人造纤维

（一）黏胶

黏胶纤维是以木材、棉短绒、芦苇等含天然纤维素的材料经化学加工而再生制得的，属于再生纤维。从形态上分为短纤维和长丝两种，黏胶短纤维按用途分有棉型（俗称人造棉）和毛型（俗称人造毛），长丝俗称为人造丝，分为有光、无光和半无光三种。

1. 形态特征

黏胶纤维纵向平直，有沟槽；截面呈锯齿状，有皮芯结构、无中腔。如图1-9所示。

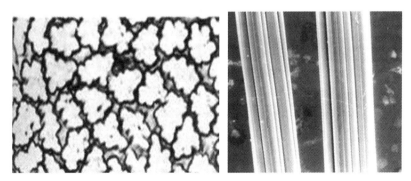

图1-9　黏胶纤维的横、纵截面

2. 主要服用性能

（1）黏胶纤维吸湿性在化纤中最佳，标准回潮率为13%～15%，其穿着舒适性较好。

（2）黏胶织物手感柔软、染色性好，色泽艳丽。

（3）黏胶织物断裂强度较低，尤其是在湿态下，湿态强力仅为干态强力的50%左右，不适合机洗，洗涤耐穿性较差，但价格低廉。

（4）黏胶织物弹性差，抗皱性较差，织物起皱后不易恢复。

（5）黏胶织物耐热性较好，但水洗温度不宜过高。

（6）黏胶织物耐磨性不良，易起毛、破裂。

（7）化学性能与棉相似，较耐碱而不耐酸，但耐碱和耐酸均低于棉纤维织物。

（二）醋酯纤维

醋酯纤维比黏胶纤维轻，干态强力虽比黏胶纤维低，但湿态强力下降幅度没有黏胶大，其吸湿性较差。醋酯长丝光泽优雅，手感柔软滑爽，有良好的悬垂性，酷似真丝，但强度不高。醋酯短纤用于与棉、毛或合成纤维混纺，织物易洗易干，不霉不蛀，富有弹性，不易起皱。

三、合成纤维

合成纤维的原料为合成高分子，因此具有一些共同的特性，如强度大，不霉不蛀，吸湿性较差，易产生静电，易沾污等。普通合成纤维的横截面大多为圆形，纵向平直光滑。

（一）涤纶

涤纶属于聚酯纤维，是当前合成纤维中发展速度最快、产量最大、应用最广的化学纤维，其种类很多，一般可分长丝和短纤维两种。根据产品的外观和性能要求，通过不同的加工，涤纶可仿蚕丝、棉、麻、毛等纤维的手感与外观。

1. 形态特征

涤纶纤维纵向平直光滑，横截面为圆形，如图1-10所示。

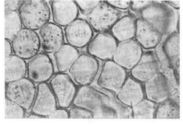
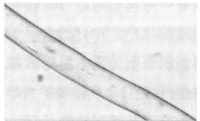

图1-10 涤纶纤维的横、纵截面

2. 主要服用性能

（1）涤纶纤维强度高，耐穿耐用。

（2）涤纶耐磨性仅次于锦纶。

（3）涤纶织物弹性恢复力强，挺括、不易皱折，保型性好。

（4）涤纶洗可穿性好，自然免烫。

（5）涤纶纤维耐日光性好。

（6）涤纶纤维耐热性和热稳定性好。

（7）涤纶纤维耐腐蚀性好，不虫蛀，不发霉。

（8）涤纶纤维吸湿导湿性差，标准回潮率只有0.4%左右，穿着有闷热感。

（9）涤纶纤维染色困难，但色牢度好。

3. 涤纶纤维新进展

（1）PBT纤维。PBT纤维弹性好、上染率高、色牢度好，并具有普通涤纶所具有的洗可穿、挺括、尺寸稳定、弹性优良等优良性能。由PBT制成的纤维具有涤纶共有的一些性质，PBT纤维的熔点比普通涤纶低，手感也比普通涤纶柔软。PBT纤维这些年在纺织品尤其是在弹性类织物中得到广泛应用，如游泳衣、体操服、网球服、弹力牛仔服等，也可与其他纤维混纺，用于冬装或作填充料等。

（2）PTT纤维。PTT纤维俗称为弹性涤纶，PTT纤维兼有涤纶、锦纶、腈纶的特性，除防污性能好外，还有易于染色、手感柔软、富有弹性的特点，其伸长性同氨纶纤维一样好，与弹性纤维氨纶相比更易于加工，非常适合纺织服装面料。除此以外PTT纤维还具有干爽、挺括等特点。PTT纤维适应性比较广泛，适合纯纺或与纤维素纤维及天然纤维、合成纤维复合，生产地毯、便衣、时装、内衣、运动衣、泳装及袜子。

（二）锦纶

锦纶是聚酰胺的商品名，又称作"尼龙"，是合成纤维中工业化生产最早的品种。

1. 形态特征

锦纶纤维纵向平直光滑，横截面为圆形。

2. 主要服用性能

（1）锦纶在常见的纺织纤维中耐磨性最强。

（2）锦纶挺括感、保型性和抗皱性不如涤纶织物。

（3）锦纶吸湿性较涤纶好，标准回潮率为3.5%～5%。

（4）锦纶比重小，织物轻盈。

（5）锦纶耐腐蚀性好，不发霉，不腐烂，不虫蛀。

（6）锦纶耐热性不良。

（7）锦纶耐日光性差，不能在太阳下曝晒，否则强力下降。

（8）锦纶纤维易起毛起球，静电大，易沾污。

（三）腈纶

腈纶学名为聚丙烯腈纤维，国外又称"开司米纶"，其织物手感丰满，酷似羊毛，因而有"合成羊毛"之称。

1. 形态特征

腈纶纤维纵向平滑或有1～2根沟槽，横截面为圆形或哑铃形，如图1-11所示。

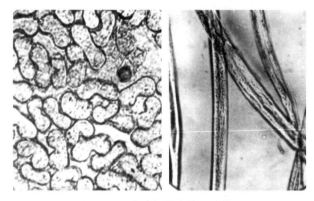

图1-11　腈纶纤维的横、纵截面

2. 主要服用性能

（1）腈纶织物外观丰满，含气量大，手感蓬松、柔软。

（2）腈纶纤维保暖性优于羊毛织物。

（3）腈纶织物质地轻。

（4）腈纶弹性回复率和抗皱折性较好。

（5）腈纶织物强度比锦纶和涤纶织物低，但高于羊毛织物。

（6）腈纶纤维在常见纺织纤维中耐晒性最好。

（7）腈纶纤维化学稳定性较好，不虫蛀，不发霉，不腐烂。

（8）腈纶纤维免烫性较好。

（9）腈纶纤维吸湿性不如锦纶织物，标准回潮率为1.2%～2%，静电较大，易吸附灰尘。

（10）腈纶织物耐磨性较差。

（四）氨纶

氨纶于1945年由美国杜邦公司开发成功，商品名为莱卡。氨纶具有高弹性、高回复性和尺寸稳定性，弹性伸长可达6～8倍，回复率100%，因此氨纶广泛用于弹力织物、运动服、袜子等产品中。氨纶的优良性能还体现在良好的耐气候性和耐化学药品性，在寒冷、风雪、日晒情况下不失弹性；能抗霉、虫蛀和绝大多数化学物质和洗涤剂，耐热性差。

由于氨纶的强力低，因此氨纶不可单独使用，却能与任何其他人造或天然纤维交织使用。它不改变织物的外观，是一种看不见的纤维，能极大改善织物的性能。

第四节
新型服用纤维

一、新型天然纤维

1. 彩色棉花

天然彩色棉花简称"彩棉"。它是利用现代生物工程技术选育出的一种吐絮时棉纤维就具有红、黄、绿、棕、灰、紫等天然色彩的棉花。天然彩色棉花是自然生长的、带有颜色的棉花的统称，其颜色是棉纤维中腔细胞在分化和发育过程中色素物质沉积的结果。天然彩棉具有色泽自然柔和、古朴典雅、质地柔软、保暖透气等特点，是一种新型的纺织原料。我国天然彩棉产品目前多为深、浅不同的棕、绿两类颜色。目前彩棉的不足之处是色彩给人一种朦朦胧胧的感觉，品种单一，制成的织物给人以陈旧暗淡的感觉。

2. 绿色有机棉

普通棉花在生长过程中会受到杀虫剂以及化肥的严重污染，这些对人体健康和生态环境有害的物质会残留在纤维中，成为潜在的健康危害。已经有实践证明，有的人会因为服装而产生过敏反应，甚至引起哮喘等疾病，为了避免这些问题，在棉花耕种过程中，可以用有机农家肥代替化肥，以生态方法防治病虫害。运用以上方法生产的绿色生态棉为纺织服装业提供了新原料，受到了消费者的欢迎。

3. 罗布麻

罗布麻是天然野生植物，是一种韧皮纤维。主要产区在我国新疆地区，目前日本、韩国是最大的罗布麻消费地区。它除了吸湿性好、透气、透湿性好、强力高等优点外，还具有一定的保健功能。

二、新型再生纤维

1. 莱赛尔（Loycell）纤维

随着国际环保思潮的兴起，纺织纤维及其织物也朝着环保、健康、卫生、安全方面发展。全新的无污染人造莱赛尔纤维（产品名为天丝，Tencel）是从木浆的天然纤维素中提炼出来的，被称为"绿色纤维"，其以树木为原料，采用先进的闭合式溶液方法进行纺丝，因而生产中对环境无污染，而且吸水性强，能进行生物降解。

莱赛尔纤维干、湿强度都很大，其干强接近聚酯纤维，因而其织物不易破损，耐用性好。莱赛尔纤维吸湿性好，标准回潮率在11.5%左右，其织物具有丝绸般的光泽和良好的悬垂性，能与棉、毛、麻、腈纶、涤纶、锦纶等纤维混纺或交织，开发出高附加值的机织、针织时装面料，可用于运动服、休闲服、牛仔服等。

2. 大豆蛋白纤维

大豆蛋白纤维属于再生植物蛋白质纤维类，通过化学、生物化学的方法，从榨掉油脂的大豆渣中提取球状蛋白质，再经过添加功能性药剂，改变蛋白质空间结构，经湿法纺丝而成。

由于大豆蛋白纤维具有的分子结构特点使液态水传导快，因而具有优良的导湿性，其性能超过涤纶、腈纶、棉和丝织物。大豆蛋白纤维手感柔软滑爽，酷似天然羊绒纤维，比棉、丝、毛和其他化学纤维柔软舒适，且其悬垂性优于棉、毛、丝，还具有真丝一样柔和的光泽感。用大豆蛋白纤维纯纺或加入极少量氨纶织制的针织面料，手感柔软舒适，适于制作T恤、内衣、沙滩装、时装等。

3. 聚乳酸纤维

聚乳酸纤维是以玉米制得的乳酸为原料，经过纺丝加工制成的新型高分子纤维。聚乳酸纤维的体积密度比涤纶小，因此，其产品比较轻盈；回潮率虽然与涤纶接近，但具有芯吸效应，具有很好的导湿透气性，即良好的服用舒适性；断裂强度和断裂伸长率与涤纶接近，但模量小（与锦纶相近），属于高强、中伸、低模型纤维，制成的织物强力高、延伸性好，手感柔软，悬垂性好，回弹性好，有较好的卷曲性和卷曲持久性。抗紫外线稳定性好，可以用分散性染料染色，染色、后加工或树脂加工等均非常容易，成型加工性好，热粘结温度可以控制，可燃性低、发烟量小，耐热性好，耐酸不耐碱，但熔融温度较低。

4. 竹纤维

竹纤维的主要成分是纤维素，产品使用后可生物降解，符合环保要求，具有广阔的发展前景。竹纤维的横截面布满许多大小不一的孔隙，可以在瞬间吸收大量的水分和透过大量的气体。这种特殊的结构使竹纤维织物不但具有良好的吸湿放湿性，穿着舒适凉爽，不贴身体，而且具有优良的染色性能。

此外，竹纤维还有天然的抗菌效果，适用于生产与人体肌肤直接接触的纺织面料，尤其作为家纺产品的毛巾类产品，可以与棉、麻及其他天然纤维混纺交织，可制作T恤、女性高档时装、衬衫等。

5. 甲壳素纤维

甲壳素纤维含有羟基和氨基等亲水性基团，具有很好的吸湿性，其平衡回潮率可达15%，织物吸湿性、染色性优异，色泽鲜艳。甲壳素纤维细度粗，强度低，约为1.75cN/dtex，断裂伸长率为7.2%左右。目前，甲壳素纤维进行纯纺还有一定困难，但甲壳素纤维与棉、毛及其他化学纤维等混纺可以改善其可纺性，赋予织物抗菌、消炎等保健功能，同时可提高织物的强度、抗折皱性、吸湿性等。目前，生产甲壳素纤维的成本很高，因此其应用主要局限于医用，如开刀缝合线、人造皮肤等。

6. 牛奶蛋白纤维

牛奶蛋白纤维是以牛奶蛋白质与大分子有机化合物为原料，利用生物、化工、纺织新技术人工合成的一种全新纺织新材料。牛奶蛋白纤维既具有天然蚕丝的优良特性，又具有合成纤维的物理化学性能，它的出现满足了人们对穿着舒适性、美观性的追求，符合保健、健康的潮流。采用此种纤维生产的织物有以下特点：

（1）外观华丽。牛奶蛋白纤维面料具有真丝般的光泽。用高支纱织成的织物，纹路细腻、清晰，悬垂性极佳，是制作高档时装的理想面料。

（2）穿着舒适。牛奶蛋白纤维面料不但有优异的外观效果，更有穿着舒适性的特性。该面料手感柔软、滑爽，质地轻薄，具有真丝与山羊绒混纺的品质；其吸湿性与棉相当，而导湿性远优于棉。

（3）染色性能良好。牛奶蛋白纤维本色为淡黄色，似柞蚕丝色。它可用酸性染料、活性染料染色。尤其是采用活性染料染色时，产品颜色艳丽，光泽鲜亮，同时其日晒、汗渍牢度良好，与真丝产品相比解决了染色鲜艳与染色牢度之间的矛盾。

（4）物理性能良好。牛奶蛋白纤维的单纤断裂强度在3.0cN/dtex以上，比羊毛、棉、蚕丝的强度都高，仅次于涤纶等高强度纤维，而细度可达到0.9dtex，可开发生产高支高密高档面料。

（5）具有优异的保健功能。牛奶蛋白纤维与人体皮肤亲和性好，含有多种人体所必需的氨基酸，有良好持久的保健作用。

三、新型合成纤维

1. 异形纤维

异形纤维是指纤维成形过程中，采用异形喷丝孔纺制的、具有非圆形截面的纤维或中空的纤维。采用圆形喷丝孔湿纺所得的纤维（如黏胶纤维）的横截面也并非圆形，但它们不能称为异形纤维。

异形纤维具有特殊的光泽，并具有蓬松性、耐污性和抗起球性，纤维的回弹性与覆盖性也可得到改善。例如，三角形横截面的涤纶纤维与其他纤维混纺有闪光效应；五叶形横截面的涤纶长丝有类似真丝的光泽，其抗起球性、手感和覆盖性良好；中空纤维的保暖性和蓬松性优良；涤纶异形纤维出现了一些吸湿排汗纤维，例如日本的Wellkey聚酯纤维，微孔均匀分布在纤维的表面和中空部分，这些从表面通向中空部分的微孔通过毛细管作用吸收汗液，吸收的汗液通过中空部分扩散，并进一步从微孔蒸发到空气中去。例如，某运动品牌使用的CoolDry纤维，其截面为十字形，因其优良的毛细管导湿排汗功能，具有干爽、舒适的双重功效。美国杜邦公司生产的Coolmax和中国台湾中兴公司的Coolplus也是高吸湿快放湿的涤纶纤维。

2. 复合纤维

复合纤维是指由两种或两种以上的聚合物或性能不同的同种聚合物，按一定的方式复合而成的纤维。

复合纤维品种很多，有并列型、皮芯型、海岛型、裂离型和共混型等。根据不同聚合物的性能及其在纤维横截面上分布的位置，可以得到许多不同性质和用途的复合纤维。例如，并列型复合纤维和皮芯型复合纤维，由于两种聚合物热塑性不同，或在纤维横截面上呈不对称分布，在后处理过程中会产生收缩差而产生螺旋状卷曲，可制成具有类似羊毛弹性和蓬松性的化学纤维；海岛型复合纤维中，用溶剂溶去海组分可得到非常细的极细纤维。

3. 超细纤维

超细纤维国内一般是指单纤维密度小于0.44dtex的纤维。超细纤维有手感柔软、细腻，柔韧性好，光泽柔和，高清洁能力，高吸水性和吸油性，高密结构，高保暖性的特点，主要用于高密度防水透气织物和人造皮革、仿桃皮绒织物等。

4. 纳米功能性纤维

纳米粒子的尺寸范围一般在1~100nm，当材料的粒子尺寸减小到纳米级的某一尺寸（近似或小于某一物性的临界尺寸），材料的这一物性将发生突变，导致其性能与同组分的常规材料完全不同。纳米粒子的这种特殊结构，导致了纳米粒子具有表面效应和体积效应等多种效应，纳米材料因此具有了许多与常规材料不同的物理化学性质。

纳米功能性纤维制作原理是在化纤聚合、熔融阶段或纺丝阶段加入功能性纳米材料粉体，以使生产出的化学纤维具有某些特殊的性能。其优点在于纳米粉体均匀地分散在纤维内部，因而耐久性好，其赋予织物的功能具有稳定性。

（1）防紫外线纤维。防紫外线纤维是指对紫外线有较强的吸收和反射作用的纤维。防紫外线纤维加工方法有共混法、共聚法及复合纺丝法。将TiO_2、ZnO等纳米粉体加入到聚合物中进行混合纺丝是共混法。把防紫外线物质与成纤高聚物单体共聚，制得共聚物纺丝是共聚法。复合纺丝是利用复合纺丝技术将防紫外线整理剂加入到纤维皮层。

（2）抗菌防臭功能纤维。抗菌防臭功能纤维是采用纳米技术，将纳米催化杀菌剂比如纳米TiO_2、纳米SiO_2、纳米ZnO和银系抗菌剂等添加到天然或聚合物中，纺制出各种永久性抗菌、防臭纤维。

（3）远红外纤维。将超细陶瓷粉末作为添加剂加入纺丝液中制备成远红外纤维。主要应用的陶瓷粉末有金属氧化物，如Al_2O_3，TiO_2，BaO，ZrO，SiO_2等；金属碳化物，如SiC，TiC，ZrC等；金属氮化物，如BN，AlN，ZrN等。远红外功能纤维主要有三大作用，即保温、保健、抗菌。具体来说，第一，释放的远红外线与体内水分子的共振作用能够有效活化水分子，提高细胞渗透性能，从而提高身体的含氧量；第二，远红外线能改善微循环，活性水分子自由出入细胞之间，同时由于远红外线的热效应，促使血流速度加快，微丝血管扩张，微丝血管开放愈多，心脏的压力便可以减少；第三，远红外线促进新陈代谢，微循环系统若得到改善，新陈代谢产生的废物便可迅速排出体外，减轻肝脏及肾脏的负担；第四，远红外线能与水分子及有机物产生共振而具有良好的热效应，因此远红外纺织品具有良好的保暖性。

（4）阻燃纤维。阻燃纤维是在纺丝原液中混入阻燃剂或在聚合时使阻燃剂与其他单体共聚合，形成有阻燃性能的高分子纺丝原液，通过纺丝工艺处理即可制得。如涤纶、腈纶等纤维都可用这种方法制成阻燃织物。

（5）抗静电纤维。抗静电纤维是在纺制合成纤维时，把亲水性或导电性物质混入纺丝原液中，纺出的纤维就具有抗静电的能力，从而其织物具有抗静电的性能。

（6）变色纤维。变色纤维是一种具有特殊组成结构的纤维，当受到光、热、水分或辐射等外界激化条件作用后，具有可逆自动改变颜色的性能。变色纤维目前主要品种有光致变色和温致变色两种。前者指某些物质在一定波长的光线照射下可以产生变色现象，而在另外一种波长的光线照射下，又会发生可逆变化，回到原来的颜色；后者则是指通过在织物表面黏附特殊微胶囊，这种微胶囊可以随温度变化而变化颜色，使纤维产生相应的色彩变化，并且这种变化也是可逆的。变色纤维品种主要集中在光致变色上。

第五节
服装材料纤维鉴别

对于服装设计师来说，准确识别面料的成分，关系到设计的成败和设计品质的问题。在如今新材料层出不穷的情况下，即使是一个十分有经验的设计师，面对浩如烟海的材料，也会感到很难把握。所以，除了我们要经常接触材料，掌握它们的真正性能和特点以外，掌握一些准确识别材料的基本方法是必要的。常用鉴别纤维的方法有手感目测法、显微镜观察法、燃烧鉴别法、化学溶解法、药品着色法、红外吸收光谱鉴别法和系统鉴别法。

一、手感目测法

手感目测法是根据纤维的外观形态、色泽、手感和强力等特点，通过人的感觉器官眼看、手摸，来观察并感知纤维的长度、细度、强力、弹性、色泽和含杂情况，凭经验来初步判断出纤维种类。这种方法简便，不需要任何仪器，但需要鉴别人员有丰富的经验。常用纤维的手感目测比较如表1-3所示。

表1-3　常见纤维外观特征

纤维名称	外观	手感	其他特征
纯棉	有杂质，光泽较朴素	手感柔软，弹性差，折痕不易恢复	纤维长短不一，在25～35mm
涤棉	平整光洁，光泽较明亮	手感滑爽、挺括，弹性好，能短时间内恢复折痕	纤维长度较纯棉整齐
人造棉	平整，柔和明亮，色彩鲜艳	手感非常柔软，折痕不易恢复	湿后牢度下降、变厚发硬
纯毛精纺	呢面光洁平整、纹路清晰，光泽柔和，色彩纯正	手感滑糯、温暖，悬垂感好，富有弹性，折痕不明显且恢复快	纱支多为双股
纯毛粗纺	厚实、丰满，不露底纹，光泽感与纯毛类似	手感滑糯、温暖，富有弹性，折痕不明显且恢复快	纱支多为单股
涤毛混纺	平整、纹路清晰，光泽感不如全毛	手感比纯毛和全腈差，弹性优于羊毛	
腈毛混纺	面料毛感强	手感温暖，弹性好、糯性差、悬垂性较差	
锦毛混纺	平整、毛感差，外观有蜡样的光泽	手感硬挺，折痕明显但能缓慢恢复	
蚕丝	光泽柔和，色彩纯正	滑爽、柔软、轻薄富有弹性	悦耳的"丝鸣声"
黏胶丝	绸面光泽、明亮、不柔和	滑爽、柔软，手捏易折且恢复差，飘逸感差	经、纬纱湿后极易扯断
涤纶长丝	光泽、明亮、不柔和	滑爽平挺、柔软性差，弹性好，折痕不明显，悬垂感差	经、纬纱牢度强
锦纶长丝	光泽类似蜡样光，色彩不鲜艳	硬挺，质轻，能缓慢恢复折痕	经、纬纱牢度强
纯麻	织物表面条干不均匀，粗糙	手感硬挺，弹性较差，折痕不易恢复，强力大	撕裂时声音干脆

通过手感目测可知，在外观方面，天然纤维与化学纤维差异很大，而天然纤维中的不同品种差异也很大。因此，手感目测法是鉴别天然纤维与化学纤维以及天然纤维中棉、麻、丝、毛等不同品种的简便方法之一。

二、显微镜观察法

借助显微镜观察纤维的纵向和横截面形态特征，对照纤维的标准、显微照片和资料（表1-4）可以正确地区分天然纤维和化学纤维。这种方法适用于纯纺、混纺和交织产品。

表1-4   常见纤维纵横向形态

纤维名称	纵面形态特征	横截面形态特征
棉	扁平带状，有天然转曲	腰圆形，有中腔
苎麻	有横节、竖纹	腰圆形，有中腔及裂缝
亚麻	有横节、竖纹	多角形，中腔较小
羊毛	表面有鳞片	圆形或接近圆形，有些有毛髓
兔毛	表面有鳞片	哑铃形
桑蚕丝	平直光滑	不规则的三角形或半椭圆形
柞蚕丝	平直光滑	相当扁平的三角形或半椭圆形
黏胶纤维	平直有细沟槽	锯齿形，有皮芯结构
富强纤维	平直光滑	较少齿形或接近圆形
醋酯纤维	有1～2根沟槽	不规则的带状
维纶	有1～2根沟槽	腰圆形
腈纶	平滑或有1～2根沟槽	圆形或哑铃形
氯纶	平滑或有1～2根沟槽	接近圆形
涤纶、锦纶、丙纶	平直光滑	圆形

三、燃烧鉴别法

燃烧法也是一种常用的纤维鉴别方法，操作简便易行，不用复杂的工具设备。燃烧法多与感观法结合使用，以提高准确率。

燃烧鉴别法是依据各种纺织纤维的燃烧现象和燃烧特征各有特点而进行的，如通过靠近火焰、燃烧速度、续燃情况、燃烧气味、灰烬状态等特征，我们可以推测出面料所含的原料成分。

纯纺面料与纯纺纱交织的面料采用燃烧法鉴别时，燃烧现象十分明显，表现出"单一"原料的特征。而对于混纺面料和混纺纱交织的面料，燃烧时有"混合"的现象，特征不明显，特别是多种纤维混纺或是某种纤维的含量很低时，准确判断其中的各个原料成分就会有相当的难度。例如，一块面料燃烧时既有烧毛发的气味也有其他气味，灰烬亦如此，这只能说明其中含有羊毛，但不能说就是纯羊毛。当不同纤维的混纺比例悬殊时，主要表现出高含量纤维的燃烧特征，而低含量纤维所体现的微弱特征往往容易被忽视。此外，某些经过特殊整理的面料，如阻燃、抗菌等面料燃烧时其燃烧现象会有较大的出入，影响判断的准确率。因此燃烧法比较适合于纯纺面料和纯纺纱交织面料，而混纺面料和混纺纱交织的面料具有两种或多种纤维的混合现象，若经验不丰富，有可能疏忽，所以要细致观察，注意每一个细节现象，也可根据"混合"的燃烧现象，初步推测出其中的主要纤维，而后再与感观法相结合做进一步的判断。机织物的经纬纱、不同类型的纱线都应分别燃烧。常见纤维的燃烧特征如表1-5所示。

表1-5　常见纤维的燃烧特征

纤维名称	接近火焰	在火焰中	离开火焰后	灰烬特征	气味
棉、麻	不熔不缩	迅速燃烧	继续燃烧	灰白色的灰烬，手触成粉末状	烧纸味
蚕丝	缩而不熔	冒烟燃烧，并发出咝咝声	会自灭	松脆的黑色颗粒，手压易碎成粉末	烧毛发味
毛	缩而不熔	燃烧时有气泡产生	不易续燃	松而脆的黑色焦炭状，手压易碎，呈较小颗粒状	烧毛发味
黏胶纤维	立即燃烧	迅速燃烧	迅速燃烧	少量灰白色灰烬	烧纸味
醋酯纤维	熔缩	缓慢燃烧，有深褐色胶状液体滴落	边熔边燃	呈硬而脆的不规则黑块，压碎成粉末	刺鼻的醋酸味
涤纶	迅速熔缩	熔融燃烧，冒黑烟	能延燃，有时自灭	呈硬而黑的不规则状，可压碎	有特殊的刺鼻香味
锦纶	迅速熔缩	熔融燃烧，并有小气泡，有溶液	能延燃，有时自灭	呈坚硬的褐色透明圆珠状	难闻的氨基味或芹菜味
腈纶	收缩微熔	迅速燃烧，有发光火花	能继续燃烧	呈硬而脆的黑色不规则块状	辛辣味

燃烧时先准备织物一块，分别抽出几根经纬纱。用镊子夹持一束纱线，先靠近火焰，看是否有卷缩和熔融，然后伸入火焰仔细观察燃烧情况及燃烧速度。片刻后，将试样离开火焰，观察能否继续燃烧，再将试样放入火焰中彻底燃烧，进一步观察火焰的颜色、有无光亮、冒烟。待燃烧完毕，闻一闻散发出的气味，观察燃烧后残留灰烬的颜色、形状，并用手感觉其质地。

四、化学溶解法

化学溶解法是利用各种纤维在不同的化学溶剂中的溶解性能来鉴别纤维的方法。它适用于各种纺织纤维，特别是合成纤维，包括染色纤维或混合成分的纤维、纱线与织物。各种纤维在化学溶剂中的溶解情况如表1-6所示。

表1-6   常见纤维溶解性能

化学溶剂（浓度、温度）	盐酸（37%、24℃）	硫酸（60%、24℃）	硫酸（98%、24℃）	氢氧化钠（5%、煮沸）	甲酸（85%、24℃）	冰醋酸（24℃）	间甲酚（浓，室温）	二甲基甲酰胺（24℃）	二甲苯（24℃）
棉	I	I	S	I	I	I	I	I	I
麻	I	I	S	I	I	I	I	I	I
羊毛	I	I	I	S	I	I	I	I	I
蚕丝	S	S	I	S	I	I	I	I	I
黏胶纤维	S	S	S	I	I	I	I	I	I
醋酯纤维	S	S	S	P	S	S	S	S	I
涤纶	I	I	S	SS	I	I	S（加热）	S	I
锦纶	S	S	S	I	S	I	S	I	I
腈纶	I	I	S	I	I	I	I	S	I
维纶	S	S	S	I	S	I	S	I	I
丙纶	I	I	I	I	I	I	I	I	S
氯纶	I	I	I	I	I	I	I	S	I
氨纶	I	SS	S	I	I	P	S	S（40～50℃）	I

注：S 为溶解，SS 微溶，P 为部分溶解，I 为不溶。

五、药品着色法

药品着色法是根据不同纤维对某种着色剂呈色反应的不同来鉴别纤维。它适用于未染色和未经整理剂处理的纤维、纯纺纱线和纯纺织物。

六、红外吸收光谱鉴别法

根据各种纤维对入射光线的吸收率的不同，对可见的入射光线会显示出不同的颜色，对不可见的红外光和紫外光波段也有这种特性。利用仪器测定各种纤维对红外波段各种波长入射光线的吸收率，可得到红外吸收光谱图。当入射光线中的这种频率与被测纤维自振频率相同时，将会产生共振。

这种检测方法的优点是比较可靠，但要求有精密的仪器，故而无法广泛应用。

七、系统鉴别法

在实际鉴别中，有些材料使用单一方法较难鉴别，需将几种方法综合运用、综合分析才能得到正确结论。一般鉴别程序：

（1）将未知纤维稍加整理，如果不属于弹性纤维，可采用燃烧法将纤维初步分为纤维素纤维、蛋白质纤维和合成纤维三大类。

（2）纤维素纤维和蛋白质纤维有各自不同的形态特征，用显微镜就可鉴别。

（3）合成纤维一般采用化学溶解试验法，即根据不同化学试剂在不同温度下的溶解特性来鉴别。

思考与练习

1. 用思维导图表示纤维、纺织纤维、服用纤维、天然纤维、化学纤维、人造纤维（或再生纤维）和合成纤维之间的关系。

2. 新型纤维包括哪些？它们有哪些优点？

3. 调研典型服装品类常用的服用纤维。

4. 用思维导图表示八大常用纤维（棉、麻、毛、蚕丝、涤纶、锦纶、腈纶和黏胶）面料的纤维鉴别，并阐述理由。

5. 运用学过的知识为一款服装正确选择服用纤维，并阐述理由。

第二章
服装用纱线

课题名称：服装用纱线　　　　课题时间：2课时

📖 课题内容

1. 纱线结构

2. 纱线的分类

3. 纱线对面料的影响

🎯 教学目标

1. 了解各种纱线的分类、性质和特点

2. 掌握各类纱线的本质特征和其对织物的影响

教学重点：纱线的细度；纱线结构对服装面料的影响

教学方法：1. 线上线下混合教学

　　　　　　2. 讨论法

教学资源：

纱线是由纤维经纺纱（纺丝）加工而成的，是构成服装面料的基本组成要素。纱线的形态结构和性能为创造千变万化的织物提供了可能，并在很大程度上决定了织物和服装的表面特征、风格和性能，如织物表面的光滑、粗糙，织物的保暖性、透气性、柔软性、弹性和起毛起球性等。

纱线是纱和线的总称，是由短纤维或长丝的线形集合体组成的具有良好机械性能、可加工性，以及视觉、触觉特性的连续纤维束。纱是由短纤维（长度不连续）沿轴向排列并经加捻纺制而成；或是由长丝（长度连续）加捻或不加捻并合而成的连续纤维束。线是两根或两根以上的单纱或股线并合加捻后形成的。

第一节
纱线结构

一般情况下细度可以用直径或截面积来表示。但是，因为纱线表面有毛羽，截面形状不规则且易变形，测量直径或截面积不仅误差大，而且比较麻烦。因此，广泛采用的表示纱线粗细的细度指标，是与截面积成比例的间接指标——线密度、纤度、公制支数与英制支数。

一、细度

（一）定长制

定长制是指具有一定长度的纱线（或纤维）所具有的重量，它的数值越大，表示纱线越粗。

1. 线密度（Tt）

线密度是指1000米长度的纱线（或纤维）在公定回潮率时的重量克数，也称号数。

$$Tt = \frac{G_k}{L} \times 1000$$

式中：Tt——纱线线密度（tex）；

G_k——公定回潮率下的重量（g），$G_k=G_0\times(1+W_k)$，W_k为公定回潮率，G_0
　　　指干重；

L——长度（m）。

线密度是国际上通用细度指标，适用于所有的纤维和纱线。线密度数值越大，表明纤维或纱线越粗，其单位为特克斯（tex），简称特，曾经称为号数。

2. 纤度（N_d）

纤度即旦尼尔（denier），简称旦，是指9000米长度的纱线（或纤维）在公定回潮率时的重量。

$$N_d = \frac{G_k}{L} \times 9000$$

式中：G_k——公定回潮率下的重量（g）；

　　　L——长度（m）。

纤度一般用于天然和化纤长丝。数值越大，表明纤维或纱线越粗，其单位为旦、D。

（二）定重制

定重制是指具有一定重量的纱线（或纤维）所具有的长度，它的数值越大，表示纱线越细。

1. 公制支数（N_m）

公制支数是指在公定回潮率时，每克重的纱线（或纤维）所具有的长度。

$$N_m = \frac{L}{G_k}$$

式中：L——长度（m）；

　　　G_k——公定回潮率下的重量（g）。

公制支数一般用来表示麻纱线及毛纱、毛型化纤纯纺、混纺纱线的粗细，其数值越大，表明纤维或纱线越细，单位为公支或支。

2. 英制支数（N_e）

英制支数是指在公定回潮率时，每磅重的棉纱线所具有长度的840码的倍数。

$$N_e = \frac{L}{G_k' \times 840}$$

式中：G_k'——英制公定回潮率下的重量（磅）；

　　　L——长度（码）。

英制支数一般用于棉纱的粗细，其数值越大，表明纤维或纱线越细，其单位为英支。

（三）纱线细度指标之间换算

线密度与公制支数之间换算：

$$Tt \times N_m = 1000$$

线密度与纤度之间换算：

$$Tt = N_d/9$$

线密度与英制支数之间换算：

$$Tt = \frac{C}{N_e}$$

式中：C 为换算常数。纱线为纯棉，C 为 583；纱线为纯化纤，C 为 590.5；纱线为涤棉（65/35），C 为 588。

（四）纱线细度的表示方法

1. 单纱细度的表示方法

服装面料中常用"单纱原料 + 细度"的方式来表示，比如：C13.5tex，T100D，W60 公支。

2. 股线细度的表示方法

（1）特数制：单纱线密度相同时，股线线密度用单纱线密度乘以合股数表示，如 C16×2tex，表示由两根 16tex 的棉纱加捻而形成的股线；单纱线密度不同时，股线线密度以单纱线密度相加表示，如 C（16+18）tex，表示由一根 16tex 的棉纱和一根 18tex 的棉纱加捻而形成的股线。

（2）支数制：单纱支数相同时，股线支数以单纱支数除以合股数表示，如用 C42 英支 /3 表示由三根 42 英支的棉纱加捻而形成股线；单纱支数不同时，则将单纱的支数并列，用斜线分开。如 C40/60 英支，表示由一根 40 英支的棉纱和一根 60 英支的棉纱加捻而成的股线。

二、捻度

纱线的物理机械性质是由纱线的原料性能和纱线的结构决定的。加捻是影响纱线结构的重要因素。通过加捻，可使纱线具有一定的强度、弹性、手感和光泽等。

捻度是指纱线沿轴向单位长度上的捻回数，是表示纱线加捻程度的指标。棉纱通常以

10cm内的捻回数表示，化纤长丝通常以每米内捻回数表示。在纺织服装外贸订单中，捻度的单位通常用每英寸捻回数来表示。

三、捻向

加捻纱中纤维的倾斜方向或加捻股线中单纱的倾斜方向称为捻向。捻向一般分为Z捻和S捻，如图2-1所示。

加捻后纤维从下往上看，自右下向左上方倾斜的，称为S捻；加捻后纤维从下往上看，自左下向右上倾斜的，称为Z捻。加捻方向不同，对光线的反射不同，从而影响服装面料的光泽。

图2-1　捻向示意图

第二节
纱线的分类

一、按原料组成分类

1. 纯纺纱线

纯纺纱线是指由一种纤维原料纺成的纱线。

2. 混纺纱线

混纺纱线是指由两种或两种以上不同种类的纤维原料混合纺成的纱线。

混纺纱线的命名是根据原料混纺比例而定的。当混纺比例不同时，混纺比高的纤维名在先，混纺比低的纤维名在后，如65%的涤纶纤维与35%的棉纤维混纺的纱，称为涤／棉65/35；反之，若为35%的涤纶纤维与65%的棉纤维混纺的纱，则称为棉／涤65／35。当混纺比相同时，则按照天然纤维、合成纤维、人造纤维顺序命名，如50%的涤纶纤维与50%的羊毛纤维混纺纱，称为毛／涤50/50；如为40%涤纶纤维、30%羊毛纤维、30%的黏胶纤维混纺纱，称为涤／毛／黏40／30／30；若含有稀有纤维，如山羊绒、兔毛、马海毛，不论比例高低，一律排在前。

3. 交捻纱线

交捻纱线是指由两种或两种以上不同纤维原料或不同色彩的单纱捻合而成的纱线。

4. 混纤纱线

混纤纱线是利用两种长丝合并成一根纱线，其目的是提高纱线某些方面的性能。

二、按纤维长短分类

1. 短纤维纱线

由短纤维经纺纱加工而成的纱线。

2. 长丝纱线

由一根或数根长丝加捻或不加捻并合在一起形成的纱线。

三、按纱线粗细分类（短纤维纱线）

1. 粗号（低支）纱线

粗号（低支）纱线指细度在32tex及以上（18英支及以下）的纱线，较粗。

2. 中号（中支）纱线

中号（中支）纱线指细度在20~31tex（19~29英支）的纱线，粗细中等。

3. 细号（高支）纱线

细号（高支）纱线指细度在9~19tex以上（30~60英支）的纱线，较细。

4. 特细号（特高支）纱线

特细号（特高支）纱线指细度在9tex以下（60英支以上）的纱线，很细。

四、按纱线形态结构分类

（一）普通纱线

具有普通外观结构，截面分布规则，近似圆形，如单纱、缝纫线和单丝等。

（二）特种纱线

1. 花式纱线

纱线截面分布不规则，结构形态沿长度方向发生变化，有规则的，亦可有随机的，如圈圈线、竹节线、大肚线、结子线和雪尼尔线等。

圈圈线：主要特征是饰纱围绕在芯纱上形成纱圈，如图2-2所示。

竹节线：具有粗细分布不匀的外观，如图2-3所示。

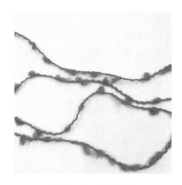

图2-2　圈圈线　　　　　　　　　图2-3　竹节线在面料上应用

大肚线：其特征是两根交捻的纱线中夹入一小段断续的纱线或粗纱，如图2-4所示。

结子线：主要用于传统的粗纺花呢，其特征是纱上有单色或多色彩点，这些彩点长度短、体积小，如图2-5所示。

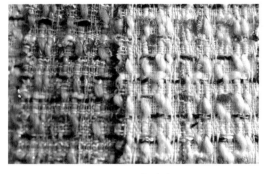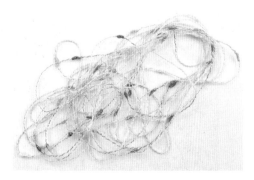

图2-4　大肚线　　　　　　　　　图2-5　结子线

螺旋线：由不同色彩、纤维、粗细或光泽的纱线捻合而成，如图2-6所示。

雪尼尔线：纤维被握持在合股的芯线上，状如瓶刷，手感柔软，如图2-7所示。

图2-6　螺旋线　　　　　　　　　　　图2-7　雪尼尔线

花式纱线的品种还有很多，如图2-8所示的羽毛纱、图2-9的蝴蝶纱，由于花式纱线结构特殊、外形和颜色多变，给织物带来了多样而别具特色的外观效应，在各类面料中已被广泛应用，如图2-10所示。

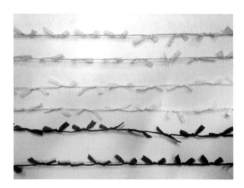

图2-8　羽毛纱　　　　　　　　　　　图2-9　蝴蝶纱

图2-10　花式纱线在面料上的应用

2. 花色纱线

花色纱线是指纱线的色彩或色泽沿长度方向发生变化的纱线。一根纱线上呈现两种或两种以上色彩，这种色彩分布可以是有规则的，也可以是无规则的，如段染线、混色线等。

3. 包芯纱

包芯纱是以长丝或短纤维纱为纱芯，外包其他纤维一起加捻纺制而成的纱线。通常采用强度、弹性好的纱线作为芯纱，使纱线性能更加完善。如涤棉包芯纱，即用涤纶为纱芯，外包棉纱，其织物具有棉织物的外观、手感、吸湿性和染色性，同时又具有涤纶强度高、弹性好和尺寸稳定的优点。如利用氨纶的高伸长、高弹性回复率的性能，制作以氨纶丝为芯纱的弹力包芯纱，广泛用于牛仔裤、针织服装，使人体穿着时伸缩自如、舒适合体。

4. 变形纱

变形纱也称变形丝，是利用合成纤维受热塑化变形的特点，经机械和热的变形加工，使伸直的合成纤维长丝变为具有卷曲、螺旋、环圈等外观特征的长丝。变形纱常见类型有高弹丝、低弹丝、膨体纱。

高弹丝具有较高的伸长率和良好的伸长弹性，适用于弹性要求较好的紧身弹力衫裤、弹力袜等。高弹丝一般以锦纶为原料。

低弹丝是用高弹丝进行第二次热定型加工而成的，具有适度的弹性和蓬松性，适用于弹性要求较低，但手感、外观和尺寸稳定性良好的针织和机织外衣面料。低弹丝一般以涤纶为原料。

膨体纱是由不同收缩率的纤维混纺成纱线，然后在蒸汽或热空气或沸水中处理，收缩率高的纤维遇热收缩，把与之一起混纺的低收缩率纤维拉成弯曲状，使整根纱线形成蓬松状的外观结构。膨体纱一般以腈纶为原料。

第三节
纱线对面料的影响

在评价服装面料时，其外观、手感、性能和成本等因素较为重要。视觉和触觉效果常常是对面料的第一印象，而纱线对面料的外观和手感起着举足轻重的作用。

一、纤维的长短与服装面料

纤维的长短对织物的外观、纱线质量以及织物手感等都有影响。短纤维纱线表面有绒毛，织制的面料具有良好的蓬松度、覆盖性和柔软度，手感温暖。但纱线均匀度不够好，面料不够光洁，光泽较弱。长丝纱线具有良好的强力和均匀度，具有阴凉感，其面料光滑明亮、透明匀净。纤维越长，其纱线表面越光洁，面料也越平滑，且不易起毛起球。有时为了追求面料的风格质感，会将长丝加工成变形纱，使面料拥有蓬松性和覆盖力，从而获得短纤维的外观。

二、纱线的细度与服装面料

纱线较细，可织制细腻、轻薄、紧密、光滑的面料，手感柔软，穿着舒适，适用于内衣、夏装、童装及高档衬衫等；若纱线较粗，则面料的纹理较粗犷、清晰，质感也较厚重、丰满，保暖性、覆盖性和弹性比较好，更适用于秋冬外衣。

三、纱线的捻度与服装面料

纱线捻度对服装面料的许多方面都有影响。捻度增大，纤维间抱合紧密，强力也随之增大，但超出临界值强力反而下降。捻度大的面料，手感硬挺爽快，不如低捻度面料柔软蓬松。在一定范围内，捻度增加，长丝面料光泽减弱，短纤维面料光泽增加。

四、纱线的捻向与服装面料

纱线的捻向与服装面料的外观、手感有很大关系。利用经纬纱捻向和织物组织相配合，能生产出组织点突出、清晰、光泽好、手感适中的面料。由于不同捻向纱线对光的反射明暗不同，利用不同捻向纱线的间隔排列，可使面料产生隐条、隐格效应。当S捻和Z捻纱线或捻度大小不同的纱线一起织制面料时，表面呈现波纹效应。利用强捻度及捻向的配合，可织制绉纹效应的面料，比如丝织物中的双绉和绉缎。

五、纱线的形态与服装面料

形态简单而一般的普通纱线需经过组织设计、印染或特殊整理方可使面料获得不同寻常的色彩效应与肌理质感，而形态结构特殊的花式纱织制的面料则直接拥有色彩变化和特殊肌理，因为纱线已具备这些因素，即使采用简单的组织结构也会产生与众不同的效果。有趣的是，同一种花式纱若采用不同的结构和密度等，也会产生截然不同的外观和肌理，甚至产生意想不到的惊喜、难以预料的效果。

思考与练习

1. 简述纱线细度的表示方法。
2. 比较下列各组纱线的粗细。
   （1）32tex、20tex、20英支、80英支
   （2）60公支、100公支、10tex、60tex
3. 任选5块面料，试分析该面料是单纱还是股线、长丝还是短纤维纱线，是否运用了花式纱线。
4. 搜集10种不种面料，分析纱线对面料的影响。

第三章
织物组织结构与特征

课题名称：织物组织结构与特征　　　　课题时间：4课时

📖 课题内容

1. 织物分类
2. 常用织物结构与特征
3. 非织造布

🎯 教学目标

1. 使学生掌握织物分类、组织结构及常用织物的特征
2. 使学生理解织物的分析鉴别

教学重点：1. 织物分类
　　　　　　2. 织物组织结构

教学方法：1. 讲授法
　　　　　　2. 实践法
　　　　　　3. 讨论法

教学资源：

织物分类

　　织物是由纺织纤维和纱线按照一定方法制成的柔软且有一定的力学性能的片状物。织物按其制成方法可分为机织物、针织物、编结物和非织造布四大类。机织物是指由互相垂直的两组纱线（一组经纱和一组纬纱）在织机上按一定规律交织成的织物。针织物是指由一组或多组纱线在针织机上彼此成圈并相互串套联接而成的织物。编结物是指由纱线通过多种方法，包括用结节互相连接或勾连而成的织物。非织造布是指由纤维层（定向或非定向铺置的纤网或纱线）构成的织物，也可再结合其他纺织品或非纺织品，经机械或化学加工而成。服用织物主要是针织物和机织物。

一、机织物的分类

（一）按纤维原料分类

　　机织物按纤维原料一般可分为纯纺织物、混纺织物、交织物。

　　纯纺织物是指织物的经纬纱线采用同一种纤维的纯纺纱线织成的织物，比如经、纬纱都为纯棉纱交织而成的织物。

　　混纺织物是指由同一种混纺纱线交织而成的织物，比如经、纬纱都为涤棉混纺纱线交织而成的织物。

　　交织物是指织物经纱和纬纱原料不同，或者经纬纱中一组为长丝纱、一组为短纤维纱交织而成的织物，比如经纱是涤纶纱线、纬纱为棉纱交织而成的织物。

（二）按织物风格特征分类

　　按织物风格特征分类可分为棉型织物、麻型织物、毛型织物、丝型织物和中长型织物。

1. 棉型织物

　　棉型织物是指由棉纤维或棉型化学纤维纯纺或混纺交织而成的织物，如图 3-1 所示。其中棉型化学纤维是指与棉纤维的长度、细度接近，纤维细度为 1.3 ~ 1.7dtex、长度为 33 ~ 38mm 的化学纤维。

2. 麻型织物

麻型织物是指用天然麻纤维纯纺或混纺织成的织物，或以非麻原料织制的具有天然麻织物粗犷风格的织物，包括纯天然麻织物如苎麻布、亚麻布等，天然麻混纺织物及非麻原料的仿麻织物，如图3-2所示。

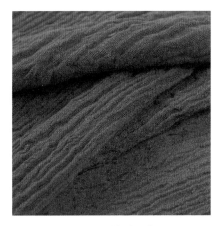

图3-1 棉型织物   图3-2 麻型织物

3. 毛型织物

毛型织物是指以毛纤维或毛型化学纤维纯纺或混纺交织而成的织物，如图3-3所示。其中毛型化学纤维是指与毛纤维的长度、细度接近，纤维细度为3.3~5.5dtex、长度为64~114mm的化学纤维。

4. 丝型织物

丝型织物是指用蚕丝或化学长丝交织而成的织物，又称丝织物，具有天然丝绸的质感，包括蚕丝织物、人造丝织物及合成纤维长丝织物，如图3-4所示。

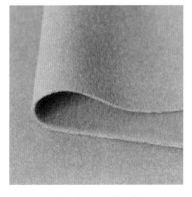
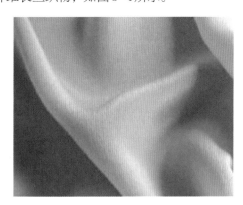

图3-3 毛型织物   图3-4 丝型织物

5. 中长型织物

中长型织物是指用长度和细度介于棉和毛之间的中长型化学纤维纯纺或混纺织制的织物。中长型织物具有类似毛型织物的风格，如涤黏中长型织物、涤腈中长型织物等。

（三）按纱线结构分类

织物按纱线结构分类可分为纱织物、线织物和半线织物。纱织物是指经纬纱线均采用单纱织成的织物；线织物是指经纬纱线均采用股线织成的织物；半线织物是指经纬向分别采用股线和单纱织成的织物，一般经纱为股线，纬纱为单纱。

（四）按纺纱工艺分类

按纺纱工艺不同可分为精梳织物、粗（普）梳织物、废纺织物等。

（五）按印染加工方法分类

织物按印染加工方法可分为原色布、漂白织物、染色织物、色织物、色纺织物和印花织物。

原色织物是指未经印染加工而保持纤维原色的织物；漂白织物是坯布经练漂加工后所获得的织物；染色织物是坯布进行匹染加工得到的具有单一颜色织物，如图3-5（a）所示；印花织物是指坯布经过练漂加工后进行印花而获得的具有花纹图案、颜色在两种或两种以上的织物，如图3-5（b）所示；色织物是指全部或部分纱线经过染色后再织制而成的织物，如图3-5（c）所示；色纺织物是先将部分纤维或纱条染色，再与其他纤维或纱条按一定比例混纺或混并所织成的织物，如图3-5（d）所示。

二、针织物的特点及分类

（一）针织物的特点

1. 具有较大的弹性和伸缩性

一般针织物的弹性和伸缩性要大于机织物，这是由于针织物在编织过程中，线圈的套结排列，使纱线间具有更

（a）染色织物　　　　（b）印花织物

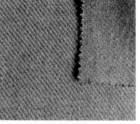

（c）色织物　　　　（d）色纺织物

图3-5　各类织物

大的空隙，当受到外力拉伸时，即产生较大的延伸性，当外力解除后，可迅速回复原状。针织物的这种优良的伸缩性，能够适应人体各部位伸展、弯曲的变化，使针织服装贴合人体，穿着起来既贴身，又能体现出体型美。

2. 具有较好的柔软性和舒适性

针织物所用的纱线捻度一般要比机织物小，而且针织物的密度也要小于机织物，加上编织过程中，采用线圈相互串套，无交织点，因此针织物比机织物柔软性好，穿着舒适感强。

3. 具有良好的吸湿性和透气性

针织物是由线圈套结而成，有利于人体排除汗液和湿气，具有良好的吸湿性和透气性。

4. 尺寸稳定性较差

针织物不像机织物由经纬纱交织维持纵向和横向的稳定尺寸，而是由同一组纱线串套织成，当纵向拉伸时，横向尺寸就会收缩，横向拉伸时，纵向也会收缩，所以尺寸稳定性不如机织面料。

5. 坚牢耐磨性较差

针织物的断裂强力、顶破强力、耐磨性都不如机织物，同时，其密度又小，在穿着中，碰到尖硬物体，极易产生勾丝现象，影响服装的外观，严重的还会造成破损。针织物在穿着和洗涤过程中，不断受到摩擦，纱线表面易起毛起球，这在合成纤维针织面料中表现尤为明显。

（二）针织物的分类

服用针织物是指用针织方法生产的可供服装加工的坯布。由于可以应用各种原料在各种不同的针织设备上进行编织，因此服用针织物品种繁多，风格各异，适应性很强。

针织物按照编织工艺分可分为纬编针织物和经编针织物。

纬编针织物指在纬编针织机上编织并进行过后整理加工的针织坯布，包括各种纬编单面织物和双面织物。

经编针织物指在经编针织机上编织并进行过后整理加工的针织坯布，包括各种经编单面织物和双面织物。

三、机织物的结构因素

1. 匹长和幅宽

匹长是指一匹织物两端最外边完整的纬纱之间的距离，一般以cm为单位。

幅宽是指织物沿宽度方向最外边的两根经纱间的距离，以cm为单位，国际贸易中也有用英寸表示的，它是指织物自然收缩后的实际宽度。为提高织物的产量和利用率，便于服装裁剪，织物正向宽幅方向发展。

2. 厚度

织物在一定压力下，正反两面之间的距离为织物厚度，单位为mm。

影响织物厚度的主要因素有纱线细度、织物组织结构、纱线在织物中的屈曲程度和生产加工时的张力。织物厚度反映织物的厚薄程度，直接影响服装的风格、保暖性、透气性和耐用性等服用性能。根据不同季节、用途和服装款式的要求，可采用不同厚度的织物。织物的厚度分为薄型、中型和厚型三类，见表3-1。

表3-1 棉、毛、丝织物的厚度分类　　　　（单位：mm）

织物类别	棉织物	毛织物		丝织物
		粗纺呢绒	精纺呢绒	
薄型	< 0.25	< 1.10	< 0.40	< 0.14
中型	0.25 ~ 0.40	1.10 ~ 1.60	0.40 ~ 0.60	0.14 ~ 0.28
厚型	> 0.40	> 1.60	> 0.60	> 0.28

3. 密度

织物密度是指织物经、纬向单位长度内排列的经纬纱根数，可分为经向密度和纬向密度。

经向密度是指机织物纬向单位长度内所含的经纱根数。一般用经纱根数/10cm来表示，有些品种仍用每英寸所含经纱根数来表示。

纬向密度是指机织物经向单位长度内所含的纬纱根数。一般用纬纱根数/10cm来表示，有些品种仍用每英寸所含纬纱根数来表示。

4. 重量

织物的重量是指干燥无浆织物单位面积所具有的重量，单位为克/平方米（g/m²）或盎司/平方码（oz/yd²）。它不仅影响服装的服用性能和加工性能，同时也是服装成本核算的主要依据。

织物的品种、用途、性能不同，对其重量的要求也不同，各类织物根据每平方米克重数可分为轻型、中型和重型。一般轻型织物光洁轻薄，手感柔软滑爽，用于内衣及夏季服装。重型织物保暖、坚实，适用于作冬季面料。一般棉织物重量为 $70\sim250\mathrm{g/m^2}$。轻型丝织物重量为 $20\sim100\mathrm{g/m^2}$。表3-2为毛织物的重量分类，根据织物重量还可测算材料的消耗情况。

表3-2　毛织物的重量分类　（单位：g/m²）

织物类别	精纺呢绒	粗纺呢绒
轻型	< 180	< 300
中型	180 ~ 270	300 ~ 450
重型	> 270	> 450

四、针织物的结构量度

1. 线圈长度

针织物的线圈长度是指每一个线圈的纱线长度，它由线圈的圈干和延展线组成。一般用 L 表示，单位为mm。

2. 密度

针织物的密度，用以表示一定纱支条件下针织物的稀密程度，是指针织物在单位长度内的线圈数。通常采用纵向密度和横向密度来表示。

横向密度是指沿线圈横列方向在规定长度（50mm）内的线圈数。

纵向密度是指沿线圈纵行方向在规定长度（50mm）内的线圈数。

3. 单位面积的干燥重量

针织物单位面积的干燥重量是指每平方米干燥针织物的克重数（g/m²）。它是考核针织物质量的重要物理、经济指标。

针织物单位面积的干燥重量可用称重法测量：在针织物上剪取10cm×10cm的布样，放入预热到 $105\sim110℃$ 的烘箱中，烘至恒重后在天平上称出样布的干重 Q'，则针织物单

位面积的干燥重量 Q 为：

$$Q=（Q'/10×10）×10000=100Q'$$

4. 幅宽

针织面料的幅宽是指坯布横向（纬向）的宽度尺寸。圆筒形坯布以双层计算。

针织面料的幅宽以 2.5cm 为一档。

针织面料的幅宽的测量：测量针织面料的幅宽应在平台上进行，测量时尺与布边垂直（用尺应精确到毫米），测量幅宽三到五处。若遇到幅宽差距较大时，可适当增加幅宽测量次数，测的幅宽数字用算术平均值代表，不足1毫米时以小数点后一位为准四舍五入为整数。

五、机织物外观特征识别

各种织物由于采用不同的原料、不同的织制方法及不同的加工整理方法而获得不同的布面外观特征。因此，在面料选用和缝制加工过程中均可依此为据鉴别判断。

（一）机织面料正反面的识别

1. 根据织物组织识别

平纹组织织物正反面比较接近，一般选择较光洁、疵点较少或较不明显的一面为正面。

斜纹组织织物分为单面斜纹、双面斜纹两种，单面斜纹的纹路正面清晰、明显，反面则模糊不清；双面斜纹正反面基本相同，但斜向相反，单纱织物的正面纹路为左斜，半线织物与全线织物的正面纹路则是右斜。

缎纹组织织物的正面由于经纱或纬纱浮在布面较多，布面平整紧密，富有光泽，反面模糊不清，光泽较暗。

2. 根据织物的外观特征识别

条格面料、凹凸织物、纱罗织物、印花织物的正面图案或纹路清晰，反面则模糊。

3. 根据毛绒结构判断

绒类织物分为单面起绒织物如平绒、条绒等，其有毛绒的一面为正面；双面起绒的织物如粗纺毛织物等，其绒毛比较紧密、整齐，表面光洁的为正面，双幅卷装时，一般折在里面的为正面。

4. 根据布边的特点判断

正面布边较平整、光洁，反面布边较粗糙。

5. 根据商标和印章判断

内销产品反面贴有成品说明书，检验印章，产品证明等，而外销产品与内销产品相反，商标和印章均贴在正面。

（二）面料经纬向鉴别

面料经纬向的鉴别对服装也十分重要，它不仅影响服装加工和用料，而且是款式设计与造型、色彩的基本保证。经纬向判别常根据以下几种方法：

1. 根据布边判断

若面料有布边，则与布边平行的纱线方向是经向。

2. 根据密度判断

织物密度大的一般是经纱。

3. 根据捻度判断

织物经纬纱捻度不同，捻度大的多为经向。

4. 根据组织结构判断

毛巾类织物，起毛圈的纱线方向为经向；纱罗类织物有扭绞纱的方向为经向。

5. 根据纱线原料、结构特征判断

一般情况下经纱细纬纱粗，花式纱线一般用作纬纱；一般情况下原料质量好的用于经纱，比如蚕丝与人造丝交织，蚕丝为经纱。

第二节
常用织物结构与特征

一、机织物组织结构

（一）组织的基本概念

1. 织物组织

机织物是由两组相互垂直的经、纬纱，按一定规律在织机上相互交织而成。机织物中，沿织物长度方向配置的纱线称为经纱，沿织物宽度方向配置的纱线称为纬纱。机织物中经纱和纬纱的交错点，即经、纬纱相交处，称为组织点，凡经纱浮在纬纱上面的组织点称为经组织点；凡纬纱浮在经纱上面的组织点称为纬组织点。机织物中，经纱、纬纱相互交错或彼此沉浮的规律或形式称为织物组织。

2. 组织循环（完全组织）

织物经、纬纱线根数很多，织物组织用一个组织循环表示。当经组织点和纬组织点沉浮规律达到循环时，就构成一个组织循环，或称为一个完全组织。一个组织循环所需经纱数称为组织循环经纱数，所需纬纱数称为组织循环纬纱数。

3. 组织图

用结构示意图的方法可以清楚直观地看出经纬纱线交织的情况，但绘制不方便，特别是对于复杂的织物组织尤为烦琐，于是有了在方格纸上绘制织物组织的方法。表示织物中经、纬纱交织规律的图解称为组织图，纵行代表经纱，横行代表纬纱，经组织点应在相应的格子里填入符号或涂满颜色，例如用■表示，纬组织点则格子里是空白，用口表示。

4. 组织点飞数

机织物中同一系统相邻两根纱线上相对应的经（纬）组织点间相距的组织点数称为飞数。飞数可分为经向飞数和纬向飞数，经向飞数是指选择相邻的经纱，沿经纱方向计算，向上为正，向下为负；纬向飞数是选择相邻的纬纱，沿纬纱方向计算，向右为正，向左为负。如图3-6所示，如果求经向飞数，则 AB、BC、CD、DE 存在着经向飞数，且经向飞数为2，如果求纬向飞数，则AD、DB、BE、EC存在纬向飞数，且纬向飞数为3。

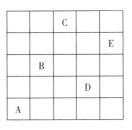

图3-6　飞数示意图

5. 织物组织的种类

织物组织可分为原组织、变化组织、联合组织和复杂组织。

（二）机织物的原组织

机织物的原组织又称为基本组织，是机织物组织的基础。原组织的特征是在一个组织循环中，每根经纱或纬纱上只有一个经（纬）组织点，其他均为纬（经）组织点，组织循环经纱数与组织循环纬纱数相等，飞数为常数。原组织包括平纹、斜纹和缎纹三种组织。

1. 平纹组织及其织物

平纹组织是原组织中最简单的一种。它的一个完全组织是由两根经纱和两根纬纱构成，经纱和纬纱两根一上一下相互交织而成，如图3-7所示。

平纹用 $\frac{1}{1}$ 表示，读作一上一下。其分子1代表任何纱线上的经组织点个数；分母1代表任何纱线上的纬组织点个数；组织循环经纱数＝组织循环纬纱数＝分子＋分母＝2，组织图如图3-8所示。

平纹织物的正反面经、纬组织点各占50%，正反面具有相同的组织外观；同时，平纹组织的经纬纱线每隔一根就交错一次，交织点最多，纱线屈曲最多，使织物坚固、耐磨、硬挺、平整，但弹性较小，光泽一般。

平纹组织在织物中应用最广泛，如图3-9所示，在棉织物中，有府绸、细布、平布；毛织物中有凡立丁、派力司；丝织物中有电力纺、涤丝纺和塔夫绸等。

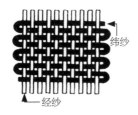　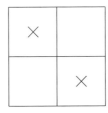　

图3-7　织物交织示意图　　图3-8　平纹组织图　　图3-9　平纹织物

2. 斜纹组织及其织物

斜纹组织是相邻经（纬）纱上的连续的经（纬）组织点构成斜线，使织物表面呈现由经（纬）浮长线形成的连续斜向纹路，根据倾斜方向不同可分为左斜纹和右斜纹。一个完全组织是由3根或3根以上经、纬纱线组成，如图3-10所示。

斜纹一般用分式表示，例如$\frac{1}{2}$↗或↖，读作一上二下右斜或左斜，其分式分子代表任何纱线上经组织点数，分母代表任何纱线上纬组织点数，组织循环经（纬）纱数等于分子加分母，左斜飞数为-1，右斜飞数为+1。一上二下左斜纹、二上一下右斜纹组织图如图3-11、图3-12所示。

斜纹组织经纬纱交织次数比平纹少，使经纬纱间的空隙较小，纱线可以排列紧密，从而使织物比较致密厚实，但耐磨性、坚牢度、不及平纹织物。

在棉型织物中常见品种有卡其、斜纹布、牛仔布，如图3-13所示；在毛织物中有哔叽、华达呢；丝织物中有真丝绫等。

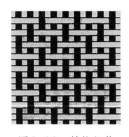

图3-10　斜纹织物
交织示意图

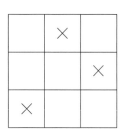

图3-11　一上二下
左斜纹组织图

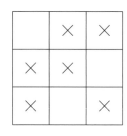

图3-12　二上一下
右斜纹组织图

图3-13　斜纹织物

3. 缎纹组织及其织物

缎纹在原组织中最为复杂，特点是相邻两根纱线上的单独组织点相距较远，即飞数大于1，但分布均匀、规则，缎纹组织的单独组织点在织物上被其两侧的经（纬）浮长线所遮盖，表面都呈现经（纬）浮长线。如图3-14所示。

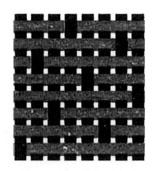

图3-14　八枚缎纹织物
交织示意图

缎纹组织用分式表示，比如$\frac{5}{3}$经面缎，读作五枚三飞经面缎纹，分式中分子表示完全组织中的经纱数或纬纱数，分母表示经向飞数或纬向飞数，经面缎纹按经向飞数画组织图，纬面缎纹按纬向飞数画组织图，八枚五飞纬面缎纹和经面缎纹组织图如图3-15、图3-16所示。

缎纹组织由于交织点相距较远，单独组织点为两侧浮长线所覆盖，浮长线长而且多，因此织物正反面有明显的差别。正面看不出交织点，平滑匀整。织物的质地柔软，富有光泽，悬垂性较好，但耐磨性不良，易擦伤起毛。缎纹的组织循环纱线越大，织物表面纱线浮长越长，光泽越好，手感越柔软，但坚牢度越差。

在棉织物中有直贡缎或横贡缎（贡缎）；毛织物中的贡呢和丝织物中素软缎、花软缎等。如图3-17所示面料就是缎纹织物。

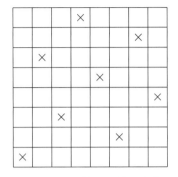

图3-15　八枚五飞纬面缎纹组织图

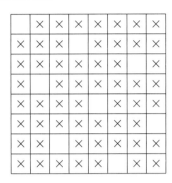

图3-16　八枚五飞经面缎纹组织图

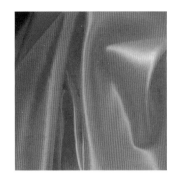

图3-17　缎纹织物

（三）变化组织

1. 平纹变化组织

平纹变化组织是以平纹组织为基础，沿经、纬向一个方向或两个方向延长组织点，使组织循环扩大而形成的。常见有经重平组织、纬重平组织、方平组织。

经重平组织是由平纹组织沿经向延长组织点形成的，如图3-18所示，织物表面呈现横凸条纹。

纬重平组织是由平纹组织沿纬向延长组织点形成的，如图3-19所示，织物表面呈现纵凸条纹，常用作织物的布边组织，如图3-20所示为纬重平组织织物，利用经、纬纱的粗细搭配可使凸条更加明显。

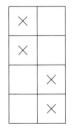

图3-18　经重平组织

图3-19　纬重平组织

图3-20　纬重平组织织物

方平组织是在平纹组织的经、纬两个方向同时延长组织点而形成的，如图3-21所示。这类织物表面有方格或十字形花纹，如图3-22所示。

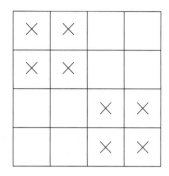

图3-21　方平组织

图3-22　方平组织织物

2. 斜纹变化组织

斜纹组织通过多种变化与组合，可以得到斜纹变化组织，如改变斜纹方向、改变飞数等，常用斜纹变化组织有加强斜纹、复合斜纹、山形斜纹等。

加强斜纹是在简单斜纹组织点旁沿经向或纬向增加其组织点而形成的组织，例如沿经向增加了组织点的二上二下加强斜纹，如图3-23所示。

山形斜纹是改变斜纹的方向，一半呈右斜纹，另一半呈左斜纹，在织物表面形成山形图案，如图3-24所示。

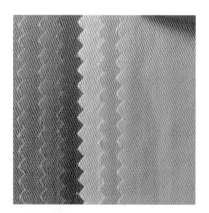

图3-23　加强斜纹织物

图3-24　山形斜纹织物

复合斜纹是指在一个完全组织中具有两条或两条以上不同宽度的斜纹线，如图3-25所示。

破斜纹是指由左斜纹和右斜纹组合而成，在左右斜纹交界处有一条明显的分界线，其两边的经纬组织点相反，呈现不连续的"断界"效应，如图3-26所示。

图 3-25 复合斜纹织物　　　　图 3-26 破斜纹织物

（四）联合组织、复杂组织

联合组织、复杂组织都是在原组织、变化组织基础上变化而来的。常用的组织有条格组织、绉组织、双层组织、起绒组织和提花组织等。

1. 条格组织

条格组织是用两种或两种以上的组织并列配置而获得的组织，因不同的组织外观不同，因此呈现出清晰的条纹或格子，如图3-27所示。

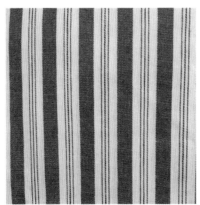

图 3-27 条格组织织物

2. 绉组织

绉组织以原组织或变化组织为基础，增减或调移原有组织点，形成织物表面分散且规律不明显的细小颗粒外观，形成绉纹效应，例如树皮绉、绉纹呢，如图3-28所示。

3. 蜂巢组织

蜂巢组织织物表面具有规则的边高中低的四方形或菱形凸凹状织纹，形如蜂巢，如图3-29所示。

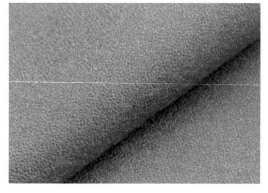

图3-28　绉组织织物

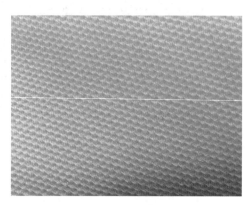

图3-29　蜂巢组织织物

4. 纱罗组织

由相互扭绞的经纱和纬纱交织而成。由于绞经纱左右扭绞一次会在绞经处呈现较大空隙，因而能形成结构稳定、分布均匀、清晰的孔眼，如图3-30所示。

5. 起绒组织

由一组经纱（或纬纱）与两组纬纱（或经纱）交织，其中一组纬纱（或经纱）与经纱（或纬纱）交织成地布，用于固结毛绒，另一组纬纱（或经纱）与经纱（或纬纱）交织，但其纬浮长线（或经浮长线）被覆盖于织物表面，通过割绒，将绒纬（经）割开，经整理后形成毛绒，如图3-31所示。

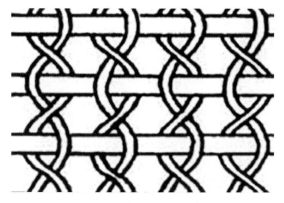

图3-30　纱罗组织织物结构

图3-31　起绒组织织物

6. 大提花组织

大提花组织利用专门的提花机器，用不同色彩、不同原料的经纬纱，以一个组织为地组织而使织物表面显示出花纹图案，如图3-32所示。

7. 双层组织

双层组织是指由两组或多组各自独立的经纬纱线交织形成上、下两层的织物，如图3-33所示。

图3-32 大提花组织织物

图3-33 双层组织织物

二、针织物组织结构

（一）针织物的基本结构

针织物是由线圈相互串套而成的，其基本线圈结构如图3-34所示。线圈由圈干1-2-3-4-5和沉降弧5-6-7组成。圈干的直线部分1-2和4-5为圈柱。弧线部分2-3-4为针编弧，5-6-7为沉降弧，由它连接相邻的两个线圈。

在针织物中，线圈在横向排列的一行，称为一个线圈横列，纵向串套的一列，称为一个线圈纵行。在线圈横列上两个相邻线圈对应点间的水平距离称为圈距。在线圈纵行上两个相邻线圈对应点间的垂直距离称为圈高。针织物线圈的形式有正反面之分。

由线圈圈柱覆盖着圈弧的一面称作针织物的正面，反

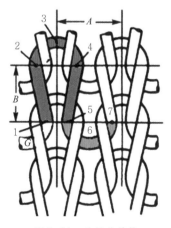

图3-34 针织物结构

之则称为反面。由于圈柱对光线反射一致，因此，正面的光泽好些，反面则暗淡些。若线圈的圈柱或圈弧集中分布在针织物一面，称为单面针织物，其正反面外观区别较大。若线圈圈柱分布于针织物两面，称为双面针织物，其两面外观无明显区别。

（二）针织物的组织

线圈是构成针织物的基本单元。针织物的组织就是指线圈的排列、组合与联结的方式，它决定着针织物的外观和性能。针织物组织一般可分为基本组织、变化组织、花色组织三大类。根据生产方式不同，又可分为纬编和经编两种形式。

基本组织是由线圈以最简单的方式组合而成，如纬编针织物中的纬平针组织、罗纹组织和双反面组织；经编针织物中的经平组织、经缎组织和编链组织。

变化组织是在一个基本组织的相邻线圈纵行间配置另一个或另几个基本组织的线圈纵行而成，如纬编针织物中的双罗纹组织，经编针织物中的经绒组织和经斜组织。

花色组织是以基本组织或变化组织为基础，利用线圈结构的改变，编入一些辅助纱线或其他纺织原料而成，如添纱、集圈、衬垫、毛圈、提花、衬经组织及由上述组织组合的复合组织。

1. 纬编常用组织

（1）纬平针组织。纬平针组织简称平针组织，是纬编针织物的基本组织之一，是由连续的同一种单元线圈一个方向依次串套而成，如图3-35所示。纬平针组织的两面有不同的外观结构，织物的正面由线圈的圈柱呈纵向配置，形成纵向条纹；反面则由线圈的圈弧横列排列，形成横向条纹，如图3-36所示，正面比反面平滑、光洁和明亮。纬平针组织纵向和横向延伸性均较好，尤其是横向，但有严重的脱散性和卷边性，有时还会产生线圈歪斜。这种组织广泛用于内衣、T恤衫、运动衫、运动裤、袜子、手套、毛衫等。

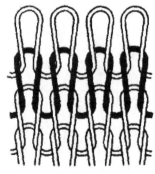
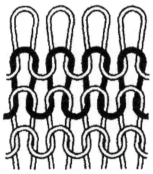
（a）正面　　　　　　　　（b）反面

图3-35　纬平针组织

图3-36　纬平针组织织物

（2）罗纹组织。罗纹组织是纬编针织物基本组织之一，罗纹组织是由正面线圈纵行和反面线圈纵行以一定的组合规律相间配置而成，如图3-37所示。罗纹组织的正反面线圈不在同一平面上，每一面的线圈纵行互相毗连。罗纹组织的种类很多，视正反面线圈纵行数的不同而异，通常用数字代表其正反面线圈纵行数的组合，如1+1罗纹，2+2罗纹或者5+3罗纹等，可形成不同外观风格与性能的罗纹织物，如图3-38所示。罗纹组织横向具有较大的弹性和延伸性，顺编织方向不易脱散，也不卷边，因此常用于袖口、领口、裤口和下摆等，还常用于弹力衫、T恤、弹力背心、运动衫、运动裤等。

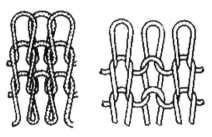

图3-37　罗纹组织

图3-38　罗纹组织织物

（3）双反面组织。双反面组织是纬编针织物的基本组织之一，由正面线圈横列和反面线圈横列按照一定的比例相间配置而成，如图3-39所示。在自然状态下，由于反面线圈横列力图向外凸出，从而使织物在纵向缩短，厚度增加，织物两面都呈现出圈弧状外观，故称为双反面组织，如图3-40所示。双反面组织的最大特点是纵向延伸性和弹性较大，适宜于做头巾、装饰布和童装，也可以在羊毛衫、袜子和手套上形成各种花式效应。

（4）双罗纹组织。双罗纹组织是纬编针织物变化组织的一种，由两个罗纹复合而成。由于一个罗纹组织的反面线圈纵行被另一个罗纹组织的正面线圈纵行所遮盖，因而，织物两面都呈现正面线圈，如图3-41所示。

双罗纹组织的针织物俗称棉毛布，如图3-42所示，具有厚实、柔软、保暖、无卷边的特点，并有一定弹性。双罗纹组织的延伸性和弹性都比罗纹组织小。而且当个别线圈断裂时，因受另一个罗纹组织线圈的阻碍，使脱散不易继续。由于其结构较稳定，挺括且悬垂，抗勾丝和抗起毛起球性都较好，适合做外衣面料，多用于棉毛衫裤、运动衫裤等。

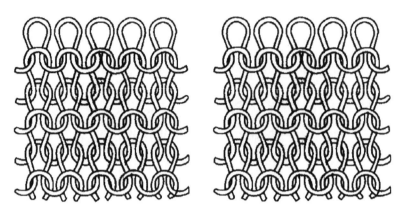

图 3-39　双反面组织（1+1 正、反面）

图 3-40　双反面组织织物

图 3-41　双罗纹组织

图 3-42　双罗纹组织织物

2. 经编常用组织

（1）编链组织。编链组织是经纱始终在一枚针上垫纱成圈形成的经编组织。逆编织方向脱散，纵向延伸性小，不易卷边，如图4-43所示。

（2）经平组织。经平组织是经纱在相邻的两枚针上轮流垫纱成圈，串套而成的经编组织。线圈左右倾斜；可逆编织方向脱散，纱线断裂后织物可横向分离；纵、横向延伸性中等，如图3-44所示。

（3）经缎组织。每根经纱顺序地在三枚或三枚以上相邻的织针上垫纱成圈，然后再顺序返回原位。卷边性与纬平针相似，逆编织方向脱散，如图3-45所示。

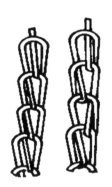
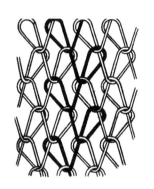

图3-43　编链组织　　　　图3-44　经平组织　　　　图3-45　经缎组织

针织物的品种还有很多，在这里不一一详述，其组织及其特征现总结如下，见表3-3。

表3-3　常见针织物组织及其特征

组织类别		组织定义及特征	应用
纬编针织物	集圈组织	集圈组织中，某些线圈除与旧线圈串套外，还挂有不封闭的悬弧。集圈组织分为单面和双面两种，单面集圈是在单面组织基础上织成的，具有色彩、花纹、凹凸、网眼和闪色等变化效应，不易脱散，但易勾丝，横向延伸性小	一般用于外衣、T恤、夏装、手套和袜子
	衬垫组织	衬垫组织是以一根或几根衬垫纱线按一定比例在织物的某些线圈上形成不封闭悬弧，在其余的线圈中呈浮线停留在织物反面。衬垫组织由于衬垫纱的存在，横向延伸性小。衬垫组织可以在任何组织基础上获得。可用于绒布，经拉毛整理，使衬垫纱线成为短绒状，附在织物表面，也可以用花式绒线做衬垫，增强外观效应	可应用于内衣、外衣裤等
	毛圈组织	毛圈组织中，线圈由两根或两根以上的纱线组成。一根纱线形成地组织线圈，另一根或另几根纱线形成带有毛圈的线圈。毛圈由拉长了的沉降弧或延长线形成。按毛圈在针织物中的配置，分为素色毛圈与花色毛圈，单面毛圈与双面毛圈等	经剪毛等整理后可织成绒类织物，可用于睡衣、浴衣等

续表

组织类别		组织定义及特征	应用
纬编针织物	添纱组织	添纱组织中，全部或部分线圈是由两根或两根以上纱线形成的，地纱线圈在反面，添纱线圈在正面。采用不同原料或色彩的纱线，可使织物正反面具有不同性能或外观	可用于做外衣面料
	提花组织	提花组织中，按照花纹要求，纱线垫放在相应的织针上，形成线圈。在不成圈处，纱线以浮线或延展线状留在织物反面。当采用各种颜色的纱线纺织时，不同颜色的线在针织物表面形成图案、花纹。由于存在浮线，织物横向延伸性减小，厚度增大，脱散性较小	适用于外衣面料和毛衫
经编针织物	经绒组织	经绒组织由经平组织变化而来，纱线在中间相隔一针的左右两枚织针上轮流编织成圈。经绒组织卷边性与经平组织相同，横向延伸性比经平组织小，脱散性小	广泛应用于内衣、外套、衬衫等

第三节
非织造布

服装用织物除了前面所述机织物和针织物外，非织造布也是相对比较重要的织物之一。

一、非织造布的定义与生产方式

非织造布又称为无纺布，从整个产品系统来说是介于传统纺织品、塑料、纸张三者之间的新型材料。非织造布是指不经传统的纺纱、机织或针织所制成的织物，直接由纤维、纱线经机械或化学加工，使之粘合或结合而成的片状集合物。

非织造布的加工工艺有很多，如针刺法、水刺法、热粘合法、化学粘合法和纺黏法等，但它们的加工原理大多为成网（指把原料经过开松、混合和梳理之后制成网状）、纤网加固（指依靠外界的媒介作用使纤网被固着，从而具有一定的强力）和后整理（与传统织物类似）。

二、非织造布的特点

非织造布具有以下特点：

（1）非织造布中的纤维大多是无序排列的，呈现一种多孔的结构构造，具有一定的透气性、过滤性和保温性，具有较强的吸水性和吸附性。

（2）工艺流程短，劳动生产率高，成本低。一般的非织造布生产，只需在一条连续的生产线上进行，工艺流程短，有利于实现生产的连续化和自动化。

（3）非织造布采用的原料种类较多，除纺织纤维外，还包括传统纺织工艺难以使用的原料，如纺织下脚料、玻璃纤维、金属纤维、碳纤维等，可根据成品要求选用。

（4）非织造布的生产工艺灵活多样，决定了它的外观、结构、性能、用途的多元化。通过对纤维原料、成网方式、纤维网加固方式、后整理方法等的适当选择与组合，就可得到变化万千的非织造布生产工艺，制造出各种各样的非织造布产品。薄型号产品每平方米只有十几克，而厚型产品每平方米可达数千克，柔软的酷似丝绸，坚硬的可比木板。

三、常见的非织造布产品

非织造布的基本结构主要有纤维网结构和纱线型缝编结构两种。

1. 针刺法非织造布

针刺法非织造布加工原理是纤维经开松、梳理成网后，在针刺机中用三角形横截面（或其他形状）且棱上带针钩的针，反复对纤维网穿刺，如图3-46所示。在针刺入纤维网时，针钩就带着一些纤维穿透纤维网，使纤维网中的纤维相互缠结而达到加固目的，从而形成具有一定强力和厚度的针刺法非织造材料。针刺法非织造布应用非常广泛，在服装领域里可用于里衬、填料、肩垫、登山防寒棉袄和合成革基布等。

图3-46 针刺法示意图

2. 水刺法非织造布

水刺法又称射流喷网法，利用多个极细的高压水流对纤维网进行喷射水流，类似于针刺穿过纤维网，使纤维网中的纤维相互缠结，从而具备一定的强力，如图3-47所示。水刺法非织造布是非织造布中较晚发展起来的一个品种，水刺无纺布具有手感柔软、膨松、高吸湿性、纤维原料使用广泛等特点，是最适合做服装的一种无纺布，因此，对其在服装方面的应用研究最多，同时也被广泛用于医疗卫生用品、合成革基布和防护服等。

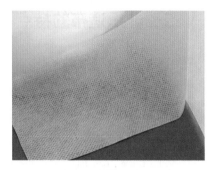

图3-47　水刺法非织造布

3. 化学粘合法非织造布

化学粘合法非织造布是采用化学粘合剂的乳液或化学溶剂，使纤维网中的纤维相互粘合，达到加固目的。化学粘合法是非织造布干法生产中应用历史最长、适用范围最广的一种纤维加固方法。随着许多无毒性、无副作用的化学粘合剂应用，大大促进了化学粘合法非织造布的发展，其主要产品是喷胶棉。

4. 纺黏法非织造布

纺黏法非织造布是利用化纤纺丝原理，在聚合物纺丝过程中使连续长丝纤维铺成网，经机械、化学或热方法加固而成，它是化纤技术与非织造技术紧密结合的成功典型。该产品具有强力高、品种多和工艺变化简单等优点，但手感和均匀度较差。纺黏法非织造布也是应用较广的产品之一，在鞋材、包装布、床上用品和土工布上都有广泛应用。

5. 熔喷法非织造布

熔喷法非织造布是将挤压机挤出的高聚物熔体经过高速的热空气或其他手段（如离心力、静电力等）使高聚物受到极度拉伸而形成极细的短纤维，并凝聚形成纤网，最后通过自身粘合或热粘合加固而制成。熔喷法非织造布在服装领域主要用于保暖、用即弃、防护服和合成革基布等。

6. 热熔粘合法非织造布

热熔粘合法非织造布的加工原理就是利用合成纤维的热塑性，当合成纤维加热到一定温度时就会软化、熔融，发生黏性流动，在冷却时就会发生纤网加固现象。热熔粘合法非织造布主要用于生产薄型卫生及医疗用产品，还有一些絮片和海绵等产品。

7. 缝编法非织造布

缝编法非织造布是指利用经编线圈对纤网、纱线层、非织造材料或它们的组合体进行类似缝纫加工进行加固或类似针织生产形成线圈结构加固以形成非织造布，如图3-48所示。缝编法非织造布在外观和特性上接近传统的机（梭）织物或针织物，而不像粘合法非织造布具有典型的纤维网外观结构，广泛应用于服装布料和人造毛皮、衬绒等。

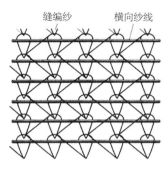
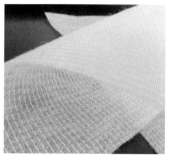

缝编纱 横向纱线

图3-48 缝编法示意图

四、非织造布在服装中的应用

1. 非织造布衬

非织造布在服装领域应用最多的一种是非织造布衬。非织造布衬包括一般衬里和粘合衬，用于服装的非织造布衬里，能赋予服装形状稳定性、保形性和挺括性。

该种非织造布可采用多种方法制造，与传统的纺织品相比，非织造布具有轻便、易裁剪，布边整齐、光洁、高回弹性和生产标准化等特点。

2. 合成革基布

由于非织造布的良好透气性，各向同性，广泛用作合成革基布。以超细纤维水刺法非织造布为基布的仿鹿皮织物，因其透气、透湿性好，手感柔软，色泽鲜艳，绒毛丰满均匀，较之真皮可以水洗、防霉、防蛀等优点，在国外已大量取代真皮服装制品，成为时装设计师的新宠。

3. 保暖材料

非织造布保暖材料在御寒服装中应用非常广泛。非织造布保暖材料按加工方法及使用不同可分为喷胶棉、热熔棉、超级仿羽绒棉、太空棉等产品，如图3-49所示，它们的蓬松度高达30%以上，空气含量高达40%~50%，重量一般为80~300g/m²，最重可至600g/m²。这类保暖材料基本上都是采用合成纤维（如涤纶、丙纶）梳理成网后经粘合剂或热熔纤维将高度蓬松的纤维粘合在一起而成的保暖

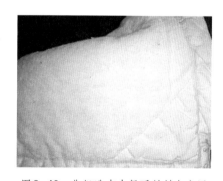

图3-49 非织造布在保暖材料上应用

絮片，具有轻而暖、抗风性好的特点，大量使用于滑雪服、防寒大衣等。非织造布保暖絮片已广泛用于服装行业，代替了传统的棉絮、羽绒、丝绵、驼绒等制作棉袄、冬大衣、滑雪衫等。

4. 非织造防护服

随着人们生活水平的提高，人类的自我保护意识加强，各类污染时刻威胁着人类的健康，应对各种危险环境的防护性能成为当今防护服市场的新挑战。新型的防护服材料必须在具有防护性能的同时，仍具有较高的柔软性、悬垂性、透气性，有时还必须耐磨损或可以再次使用，甚至可以降解处理。与传统的纺织面料做出的防护服相比，各种不同生产工艺的非织造布之间相互渗透，经过混杂化、复合化，就可以创造出许多新型的、丰富多彩的产品。多种工艺的复合弥补了单一工艺的不足，从而满足不同环境下的不同需要，如采用针刺、纺黏及涂层工艺和耐高温的处理，可以防潮和隔热；纺黏法聚丙烯、水刺化学粘合和熔喷超细纤维，可以用来防御液体和气体；纺织纤维和金属纤维均匀混合制成的非织造布，可以有效控制静电现象；采用超声波粘合，闪蒸纺聚乙烯非织造布和聚丙烯的 SMS 非织造布，可以消除散逸的污染物和细菌。非织造布在防护服领域有着广泛的应用空间，可以制作成防燃服、防电磁波服、防化学服、防静电服、防菌尘服等，如图 3-50 所示。

5. 服装成衣

无纺布具有不容易散边和滑脱、可直接将布边参与设计、不需要对服装的缝边进行整烫和锁边的特点，这一点区别于机织物和针织物。正是看好无纺布服装缝制工艺简单的优势，众多科研人员和企业勇于面对风险进行产品开发。近几年的研究焦点集中在如何提高无纺布的悬垂性、耐磨性、弹性以及弹力回复能力等性能，使其适合于耐用性服装面料的要求。

非织造布真正以成衣出现还比较少，随着非织造布新技术的研究深入展开，一些生产商已经介入服装企业中，并展开与传统的针织和梭织物的竞争，美国和德国等大企业已显示出非织造布在成衣领域的应用能力，

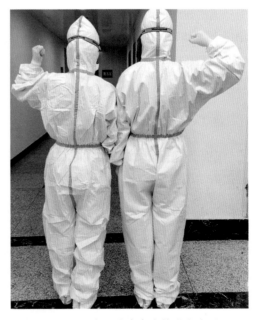

图 3-50　非织造布在防护服上应用

值得服装业期待。美国PGI公司采用Apex技术生产的产品Miratec水刺非织造布是可以代替普通纺织品的新一代非织造布产品。新技术的推出给非织造布带来了广阔的市场前景与发展方向，为非织造布进入服装成衣领域开拓了巨大的市场。Miratec水刺非织造布具有杰出的强度、耐用性和统一性。其纵、横向都有很高的强力，可以具有真正的弹性，不易撕裂、磨损和缩小，整个产品设计体现了舒适性和时尚性。同时可以对其进行喷射染色、圆网印花、热转移印花、机械预缩整理和镀膜加工等处理，以呈现出各种色彩和花纹图案。其典型的消费市场为服装、家居和汽车内饰。美国公司现已推出以75%再生聚酯纤维为原料制作的无袖低领运动衫，并具有调节温度的功能，可见非织造布正逐渐地走入我们的生活。而采用超声熔接缝合的工艺技术也为非织造布作为服装用材料提供了制作工艺的支持。世界上最大的非织造布生产商德国Freudenberg Nonwovens推出了产品名为Evolon的纺黏长丝微旦新型水刺非织造布，由含有纺丝、成网与水刺的单一流水线生产。Evolon水刺非织造布可以经受常规水洗，其在各个方向上都有较高的拉伸强度、较高的抗撕裂性以及良好的悬垂性与手感。Evolon非织造布定位广泛的耐用品与用即弃产品市场，尤其是传统纺织品占支配地位的服装市场，包括成人与儿童的运动服、便服以及工作服等。此外，新西兰羊毛所无纺布集团研制的水刺羊毛非织造织物回弹好，经受3万次弯折不致损伤或断裂，能调节热量，可作为理想的运动服装面料，并开发用于做裤子和夹克衫等外衣用料。随着非织造技术的不断进步、新型非织造布的大量开发，非织造布与服装的结合会越来越多。美国专利报道了一种耐用型水刺无纺布，具有良好的耐磨性和悬垂性，不易起球，染色牢度好，当垂直机器方向的伸长为50%时，回复率可以达到90%，且至少能经过25次洗涤。该无纺布具有良好的弹性，适合制作日常穿用的衬衫和外衣，集贴身舒适性、良好机械强度和美观性于一体，是理想的服装制衣材料。

✎ 思考与练习

1. 阐述织物组织与服装的关系。
2. 试述机织物、针织物、非织造布的区别。
3. 收集各种不同类型的织物，尝试分析其组织结构、手感、外观及风格。

第四章
服用织物染整

课题名称：服用织物染整　　课题时间：2课时

📖 课题内容
1. 印染前预处理、染色和印花
2. 整理

🎯 教学目标
1. 掌握染色工序对面料的影响
2. 掌握织物的印花工序对面料的影响
3. 掌握后整理工序对服装面料的影响

教学重点：掌握染色工序对面料的影响；掌握后整理工序对服装面料的影响

教学方法：1. 讲授法
　　　　　　2. 实验法

教学资源：

服装面料是服装色彩和功能的物质基础，有时我们希望面料具有独特的光泽、色彩和图案，有时我们需要改善和提高服装面料服用性能与使用价值，比如，随着人们生活水平的提高，消费者希望内衣面料具有抗菌性能，羽绒服面料具有防水、防油和防污的功能，纯棉面料能够免烫等，这就要求我们要掌握服用织物的染整工序。

染整工序是将纺织纤维材料及其坯布加工、整理成成品布的工艺过程，其中包括印染前预处理、染色、印花和整理四道工序流程。

第一节
印染前预处理、染色和印花

一、印染前预处理

印染前预处理是印染加工的准备工序，目的是在坯布受损很小的条件下，除去织物上的各类杂质，提高织物的洁白度、色泽、通透性以及染色牢度，使后续的染色、印花及后整理工序得以顺利进行。不同种类的织物，对预处理要求不一致，所经受的加工过程次序（工序）和工艺条件也不同，主要的预处理工序包括：烧毛、退浆、煮练、漂白、丝光、热定形等。

（一）烧毛

烧毛的目的在于去除织物表面上的绒毛，使布面光洁美观，并防止在染色、印花时因绒毛存在而产生染色不匀及印花疵病。合成纤维混纺织物烧毛可以避免或减少在服用过程中的起球现象。

织物烧毛是将平幅织物快速地通过火焰，或擦过赤热的金属表面，这时布面上存在的绒毛很快升温，并发生燃烧，而布身比较紧密，升温较慢，在未达到着火点时，即已离开了火焰或赤热的金属表面，从而达到既烧去了绒毛，又不使织物损伤的目的。

（二）退浆

退浆是去除机织物经纱上浆料的过程，同时还能去除少量天然杂质，有利于以后的煮练及漂白加工，获得满意的染色效果。

（三）漂白

天然纤维上的固有色素会吸收一定波长的光使其外观不够洁白，当染色或印花时，会影响色泽的鲜艳度。漂白的目的，就是去除纤维上的色素，赋予织物必要的和稳定的白度，而纤维本身则不遭受显著的损害。棉型织物除染黑色或深色以外，一般染色前均应漂白。合纤织物本身白度较高，但有时根据要求也可漂白。

（四）丝光

纱线或织物经浸渍浓烧碱液后，纤维发胀，再在张力状态下洗去碱液，从而获得耐久性的光泽，并提高染料的上染率和定形性能。此工序主要用于加工棉、麻纺织品。

二、染色

（一）概述

染色是通过染料和纺织纤维发生化学或物理作用的结合，使纤维、纱线或织物具有一定颜色，或在织物上生成不溶性有色物质的加工过程。染料在织物上应有一定的色牢度和耐洗耐晒性。不同纺织纤维需使用不同种类的染料，方能获得满意的染色效果。

1. 染色织物的质量要求

织物通过染色所得的颜色应符合指定颜色的色泽、均匀度和牢度等要求。

均匀度是指染料在染色产品表面以及在纤维内部分布的均匀程度。

染色牢度是指染色产品在使用过程中或以后的加工处理过程中，织物上的染料能经受各种外界因素的作用而保持其原来色泽的性能（或不褪色的能力）。

染色牢度根据染料在织物上所受外界因素作用的性质不同而分类，主要有耐洗色牢度、耐摩擦色牢度、耐日晒色牢度、耐汗渍色牢度、耐热压（熨烫）色牢度、耐干热（升华）色牢度、耐氯漂色牢度、耐气候色牢度、耐酸滴和碱滴色牢度、耐干洗色牢度、耐有机溶剂色牢度、耐海水色牢度、耐烟熏色牢度、耐唾液色牢度等。耐日晒色牢度分为八级，一级最差，八级最好。耐洗、耐摩擦、耐汗渍等色牢度都分为五级，一级最差，五级最好。

染色产品的用途不同，对染色牢度的要求也不一样。例如：夏季服装面料应具有较高的耐洗及耐汗渍色牢度；婴幼儿服装应具有较高的耐唾液色牢度及耐汗渍色牢度。

2. 织物染色方法

织物染色方法主要有浸染和轧染两大类。浸染是将织物反复浸渍在染液中，使织物和染液不断相互接触，经过一定时间把织物染上颜色的染色方法。它通常用于小批量织物的染色，还用于散纤维和纱线的染色。轧染是先把织物浸渍染液，然后通过轧辊的压力，轧去多余染液，同时把染液均匀轧入织物内部组织空隙中，再经过汽蒸或热熔等固色处理的染色方法。它适用于大批量织物的染色。

（二）染料与颜料

1. 染料

染料是能将纤维或其他织物染成一定颜色的有色化合物，大多能溶于水，或在染色时通过一定的化学试剂处理变成可溶状态。

染料根据其来源可分为天然染料和合成染料两种。在实际使用过程中，常根据染料的应用性能来分类，主要包括直接染料、活性染料（又称反应性染料）、还原染料、硫化染料、不溶性偶氮染料、酸性染料、酸性媒染染料、酸性含媒染料、阳离子染料（碱性染料）、分散染料等。

2. 颜料

颜料是不溶于水的有色物质，包括有机颜料和无机颜料两大类。颜料对纤维无亲和力或直接性，因此不能上染纤维，必须依靠粘合剂的作用而将颜料机械地黏着在纤维制品的表面。颜料加粘合剂，或添加其他助剂调制成的上色剂称为涂料色浆，在美术用品商店出售的织物手绘颜料即属此类。

用涂料色浆对织物进行着色的方法称涂料染色或涂料印花。涂料染色的牢度主要决定于粘合剂与纤维结合的牢度。随着粘合剂性能的不断提高，涂料染色与印花近年来应用日趋广泛，因为颜料对纤维无选择性，适用于各种纤维，且色谱齐全，色泽鲜艳，工艺简单，不需水洗，污染少。

（三）常用染料性能特征

天然染料主要是从自然界的植物、动物及矿物质中提炼而得，化学染料则是以碳素分子为中心的化合物。根据染料的化学性质以及与纤维的关系，常用的染料的性能特征如下：

1. 直接染料

直接染料分子中含酸性水溶性基团，可不必通过其他媒染剂而直接对纤维进行染色。其特点是色谱齐全，价格较低且应用简便，但色牢度稍差，主要用于纤维素纤维织物、羊毛、蚕丝以及皮革制品。

2. 酸性染料

酸性染料分子中含酸性水溶性基团，但须在酸性或中性溶液中进行染色。其特点是色谱齐全，匀染性和色牢度较好，但对纤维素纤维织物一般无着色力。其适用范围为羊毛、蚕丝、锦纶、丙纶。

3. 活性染料

活性染料分子结构中含有较活泼的活性基团。其特点是色谱齐全、染色鲜艳、匀染性和色牢度好，并且成本低廉，但氯漂牢度较差。其适用范围为天然纤维类织物与大多数合成纤维织物。

4. 碱性染料

碱性染料即阳离子染料，分子结构中具有碱性基团，可溶于水。其特点是色谱齐全、色泽鲜艳，主要用在腈纶、羊毛、蚕丝织物上。

5. 还原染料

还原染料不溶于水，染色时，用还原剂在碱性溶液中还原成可溶性的隐色体而染色。其特点是色谱齐全，且染色织物色泽较鲜艳，染色均匀，色牢度好，耐晒。适用范围主要为纤维素纤维织物的染色和印花，也可用于维纶织物。

6. 硫化染料

硫化染料不溶于水，染色时必须先溶解于硫化钠溶液，再经氧化处理。其特征是工艺简便、价格便宜、色牢度较好，但色泽不鲜艳，色谱不齐全，缺少性能良好的红、紫色品种，最常用的是硫化黑和硫化蓝等。适用范围主要为棉、麻类织物，也可用于维纶织物。

7. 分散染料

分散染料染色时用分散剂将染料分散成极细颗粒，经高温作用，使染料渗透纤维。其特点是色泽和色牢度均好。适用范围主要为醋酯纤维、涤纶、锦纶、维纶等化纤织物。

8. 不溶性偶氮染料

不溶性偶氮染料是冰染和其他不溶于水的偶氮染料的总称，由耦合剂和显色剂组成。色泽鲜艳，耐洗耐晒性好。但其染色工艺复杂，染淡色时色泽不够丰满。适用于纤维素纤维织物的染色与印花。

三、印花

用染料或颜料在纺织物上印出具有一定染色牢度的花纹图案的加工过程称为印花。印花与染色不同，染色是将染料均匀地染在纺织品上。而印花是在同一纺织品上印有一种或多种颜色的花纹图案，实际上是局部染色。印花却借助浆料作染色介质，把染料或颜料配成印花色浆印于纺织品上，经过烘燥，再根据染料或颜料的性质进行蒸化、显色等后续处理，使之染着或固着在纤维上，最后经水洗，去除浮色和色浆中的涂料、化学药剂等。

（一）现代印花技术

1. 按印花工艺分类

（1）直接印花。直接印花是最简单的印花方式。将印花色浆直接印在白色或浅色的织物上，又名"罩印"。如果花纹间的空隙也用色浆作为"花纹"印上去，称为"满地印花"。直接印花工艺流程短，应用最广，一般只在正面印花。适宜白色或浅色纺织品，尤其是棉织物。

（2）拔染印花。在已经染有地色的纺织品上，用含有能清除地色的拔染剂色浆进行印花，从而在有色织物上显出图案的印花方法。其特点是织物两面都有花纹图案，正面清晰细致，地色丰满鲜艳，适宜在染色织物上印制较为细致的满地花纹，有花纹清晰、染色均匀的效果。

（3）防染印花。防染印花是在未经染色（或尚未显色，或染色后尚未固色）的织物上，印上含有能破坏或阻止地色染料上染（或显色，或固色）的化学药剂（防染剂）的印浆，局部防止染料上染（或显色）而获得花纹的印花方法。

2. 按印花设备分类

（1）转移印花。转移印花是先将用染料制成的花纹印到转印纸上，而后在一定条件下使转印纸上的染料转移到织物上去的印花方法。利用热量使染料从转印纸上升华而转移到合成纤维上去的方法叫热转移法，多用于涤纶等合成纤维织物。利用在一定温度、压力和溶剂的作用下，使染料从转印纸上剥离而转移到被印织物上去的方法叫湿转移法，一般用于棉织物。转移印花的图案逼真，艺术性强，工艺简单，特别是干法转移无须蒸化和水洗等后处理，节能无污染，缺点是纸张消耗量大，成本较高。

（2）滚筒印花。滚筒印花又称机器印花，按花纹的颜色分别在铜制的印花花筒上刻上所需花纹，并安装在滚筒印花机上。通过印制过程，将藏在花筒表面凹纹内的色浆印到织物上去。

滚筒印花特点是生产率较高，成本低，应用范围广，能适合各种花形。缺点是受单元花样及套色多少的限制，织物所承受张力较大，不适宜于易变形纤维（组织）织物。

（3）筛网印花。筛网印花是用筛网作为主要的印花工具，有花纹处呈镂空的网眼，无花纹处网眼被涂覆，印花时，色浆被刮过网眼而印到织物上。

筛网印花的特点是对单元花样大小及套色数限制较少，花纹色泽浓艳，印花时织物承受的张力小，因此，特别适合于易变形的针织物、丝绸、毛织物及化纤织物的印花。但其生产效率比较低，适宜于小批量、多品种的生产。根据筛网的形状，筛网印花可分为平板筛网印花和圆筒筛网印花。

（4）全彩色无版印花。全彩色无版印花是一种无须网版、应用计算机技术进行图案处理和数字化控制的新型印花体系，工艺简单、灵活。全彩色无版印花有静电印刷术印花和油墨喷射印花两种。

随着计算机辅助性（CAD）技术的进步，喷墨印花在现代印花技术上有了快速的发展。利用计算机辅助系统快速产生分色图案，不需生产网版，而且具有快速改变图案的功能，调色完后直接经喷嘴泵喷射至织物上，大大提高了生产效率并降低了印花成本。

（二）传统印花技术

传统印花技术一般以手工印花为主，手工印染具有悠久的历史，我国古代将其统称为染缬。随着时代的发展，传统的印花技术也得到一定程度的创新和发展。近年来，受提倡绿色生态、回归自然的趋势影响，以自然染料染色为主的传统印花技术再次受到人们的喜爱。

1. 镂空型板印花

镂空型板印花可分为镂空型板白浆防染靛蓝印花、镂空型板白浆防染色浆印花和镂空型板色浆直接印花。

（1）靛蓝印花。俗称"蓝印花布"。它的印染方法是将刻好放样的型板铺在白布上，将石灰浆和黄豆粉调成糊状防染剂，用刮浆板刮入花纹镂空处，漏印在布面上，待浆料干透，浸染靛蓝几次后，晾干后刮去防染浆层，即可显现蓝白相间的花纹。

"蓝印花布"是我国民间使用较为广泛的一种传统服装面料，它不但能反映民俗、民族纹样特色，更具浓郁的乡土气息和朴素的艺术情调。

（2）色浆印花。与靛蓝印花不同的是，它的染色以多套色为主，并且可以运用局部的刷染和浸染相结合来取得丰富多彩的效果。主要有深底淡色花样与淡底深色花样两大类。日本的和服面料多采用此种印染方法。

（3）直接印花。用防水的皮质板材或防水油纸板材镂刻成花板，使用色浆直接在镂空部位进行印花的一种方法。

2. 扎染

古代称为扎缬、绞缬，是我国传统的防染印花技术之一。它的制作工艺是在面料上先按设计意图针缝线扎，染色时使其局部因机械防染作用而得不到染色形成预期的花纹。扎染的制作方法很多，工艺设备简单，操作简便易学，纹样变化自由，晕色变幻莫测，如图4-1所示。

3. 蜡染

蜡染因用蜡作为防染剂而得名，也是我国古老的传统印花技术之一。蜡染用石蜡、蜂蜡、松香等作为防染剂，在棉布、丝绸等织物上不需显现花纹的部位进行涂绘，再进行浸染或刷染，使织物无蜡部位染成颜色，然后在沸水或特定溶剂中除去余蜡，使织物显出花纹。蜡染在染色过程中，由于涂蜡部位会产生自然的裂纹或有意折出的裂纹，染液渗入后会形成独特的冰裂纹效果，如图4-2所示。

蜡染的涂蜡方法主要有绘蜡、点蜡、泼蜡、凸版印蜡、型版刮蜡等。我国蜡染现主要产区为西南少数民族地区。

图4-1　扎染

图4-2　蜡染

4. 泼染

泼染是近年较为流行的手工印染方法之一。其制作方法是用酸性染料在丝绸面料上随意泼染或刷色，然后趁其未干时向画面上撒盐，借助盐与酸性染料的中和作用，在丝绸上形成自然流动的抽象纹样，这种纹样具有自然的色晕和朦胧感。泼染技术主要用于丝绸织物。

5. 手绘

手绘是直接用笔蘸取染液在织物上描绘花纹的一种印花方法，一般多用于丝绸。手绘用笔挥洒自由，不受工艺设备限制，方法简便。它的画法多样，色彩丰富，风格变化因人而异，手绘还可根据人的不同喜好进行选材造型，精心绘制，能较好地体现服装面料个性化的追求。

第二节

整理

整理一般为织物经染色或印花以后的加工过程，是通过物理、化学、物理与化学相结合的方法，采用一定的机械设备，旨在改善织物内在质量和外观，提高服用性能，或赋予其某种特殊功能的加工过程，是提高产品档次和附加值的重要手段。

一、整理的目的

（1）改善织物手感，使织物更加柔软、丰满、挺括。

（2）改进织物外观，使织物的光泽度、鲜艳度得到提高，对织物的悬垂性、飘逸感也有改善。

（3）加强织物的尺寸稳定性，通过预缩整理，降低织物缩水率，防止变形。

（4）提高服用性能，使织物的服用性能达到一定要求，以满足人体穿着或特殊需要，如保暖、吸湿、防水、阻燃、防蛀等。

（5）提升织物的附加值。织物的后整理受到纺织服装业越来越高的重视，在纱线已经织成坯布的情况下，通过各种传统和新型的后整理手段可以大大增加织物的经济和文化附加值。

二、常用的整理工艺技术

（一）基本整理工艺

1. 拉幅

拉幅整理也称定幅整理，是利用纤维素、蚕丝、羊毛等纤维在潮湿条件下所具有的可塑性，将织物幅宽逐步拉阔至规定的尺寸并进行烘干处理，使织物形态得以稳定的工艺过程。

2. 预缩

预缩是用物理方法减少织物浸水后的收缩，降低织物缩水率的工艺过程。机械预缩是将织物先喷蒸汽或喷雾给湿，再施以经向机械挤压，使经纱屈曲波高增大，然后经松弛干燥处理。预缩后棉类织物缩水率可降低到 1% 以下。

3. 树脂整理

树脂整理是利用树脂整理剂能够与纤维素分子中的羟基结合而形成共价键，或者沉积在纤维分子之间，从而限制了大分子间的相对滑动，提高织物的防皱性能。

织物经树脂整理后，其某些服用性能会发生改变。如棉类织物的抗皱性能与尺寸稳定性提高，但其强度和耐磨性会明显下降。而黏胶纤维织物经树脂整理后，除抗皱性能增强外，其断裂强度也有所提高。

4. 热定形

热定形主要应用于涤纶、锦纶等热塑性合成纤维及其混纺织物中。热塑性纤维（织物）在生产加工过程中，在湿、热、外力作用下，容易变形，经热定形处理后，可以有效防止织物收缩变形，提高尺寸稳定性。

（二）外观风格整理

1. 增白

增白是利用光的补色原理有效地提高织物白度，通常采用荧光增白剂对织物进行增白处理。荧光增白剂是一种近似无色的染料，对纤维具有一定的亲和力，其特点是在日光下能吸收紫外线而发出明亮的蓝紫色荧光，与织物上反射出的黄色光混合成白光，因此在含有较多紫外线的光源照射下，荧光增白剂能提高织物的明亮度。

2. 轧光、电光、轧纹

轧光、电光或轧纹三者都属于增进和美化织物外观的整理。前两种以增进织物光泽为主，而后者则使织物轧压出具有立体感的凹凸花纹和局部光泽效果。

轧光整理是利用棉纤维在湿、热条件下具有一定的可塑性，织物在一定的温度、水分及机械压力下，纱线被压扁，竖立的绒毛被压伏在织物的表面，从而使织物表面变得平滑光洁，对光线的漫反射程度降低，从而增进了光泽。

电光整理是通过表面刻有密集细平行斜线的加热辊与软辊组成的轧点，使织物表面轧压后形成与主要纱线捻向一致的平行斜纹，对光线呈规则地反射，改善织物中纤维的不规则排列现象，给予织物如丝绸般柔和、光泽的外观。

轧纹整理是利用刻有花纹的轧辊轧压织物，使其表面产生凹凸花纹效应和局部光泽效果。轧纹机由一只硬辊筒（铜制可加热）及一只软辊筒（纸粕）组成，硬辊筒上刻有阳纹花纹，软辊筒为阴纹花纹，两者相互吻合。织物经轧纹机轧压后，即产生凹凸花纹，起到美化织物的作用，如图4-3所示。

图4-3　轧纹整理面料

无论轧光、电光或轧纹等整理，如单纯采用机械方法进行加工，其效果都不耐洗。如与高分子树脂整理联合整理加工，则可获得耐久性的整理效果。

3. 水洗、石磨洗、砂洗、酶洗

（1）水洗。水洗主要是对棉型织物的整理，因为纯棉、涤棉混纺织物具有一定的热塑性，它们经高温（约70℃）水洗后，尺寸保持稳定，表面有自然泛旧效果，再经树脂工艺处理后，可加工成漂白布、色织布和印花布等，如图4-4所示。

（2）石磨洗。石磨洗是利用浮石和热水使中、厚型服装或织物去掉一部分颜色的方法。此类方法常用于牛仔服中。经石磨洗后的牛仔服凹凸部位会有不同程度的脱色、变浅或轻微的波纹皱缩，具有仿旧的效果，如图4-5所示。

图4-4　水洗面料在服装上的应用　　　　图4-5　石磨洗在牛仔布上应用

（3）砂洗。砂洗是用纯碱或磷酸钠或专用的砂洗剂对服装或织物进行洗涤，然后通过过酸处理来中和服装或织物中的碱，并用阳离子表面活性剂进行柔软处理。经砂洗后，服装或织物色泽柔和自然，表面有绒毛，手感柔软、飘逸、滑爽，并富有弹性。

（4）酶洗。酶洗是利用生物酶来进行洗涤，使服装或织物表面具有与石磨洗同样的洗白仿旧效果，并且洗后手感柔软，表面光洁，重量下降5%左右，强力也会有不同程度的下降。

4. 磨毛、起毛、剪毛整理

（1）磨毛整理。磨毛整理是指用机械方式将织物表面磨出一层短而细密的绒毛的工艺过程。经磨毛整理后的织物具有厚实、柔软而温暖的优点，并改善织物的服用性能。如变形丝或高收缩的涤纶织物经磨毛后，能加工成仿麂皮面料，如图4-6所示。

（2）起毛整理。起毛整理主要用于粗纺毛织物、腈纶织物和棉织物等，是用密集的针或刺将织物表层的纤维剔起，形成一层绒毛的过程，又称拉绒整理。织物在干燥状态起毛，绒毛蓬松而较短，湿态时由于纤维延伸度较大，表层纤维容易起毛，所以，毛织物喷湿后起毛可获得较长的绒毛，浸水后起毛则可得到波浪式的长绒毛。经起毛整理后的织物手感丰满、柔软，如图4-7所示。

（3）剪毛整理。剪毛整理是用剪毛机剪去织物表面不需要的绒毛的工艺过程，整理的目的是使织物表面光洁、平整，织纹清晰。一般毛织物、丝绒、人造毛皮等织物产品都需要经过剪毛工艺，将起毛和剪毛工艺结合，可提高织物的整理效果。

图4-6　磨毛整理的仿麂皮面料

图4-7　起毛整理的花式大衣呢

5. 折皱整理

折皱整理是指使织物形成形状各异且无规律的皱纹效果的工艺过程。主要用于棉类织物、涤纶长丝织物。采用的方式主要有：一是用机械加压的方法使织物产生不规则的凹凸折皱效果，如手工折皱、绳状轧皱等；二是用揉搓起皱，如液流染色等；三是采用特殊起皱设备，形成特殊形状的折皱效果，如爪状和核桃状等，如图4-8所示。

6. 柔软、硬挺整理

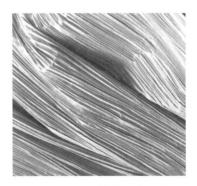

图4-8　经折皱整理的面料

（1）柔软整理。织物在染整过程中，经各种化学助剂的湿、热处理并受到机械张力等作用，往往产生变形，而且有粗糙和板结的手感。柔软整理是弥补这种缺陷使织物手感柔软的加工过程。

（2）硬挺整理。硬挺整理是利用具有一定黏度的天然或合成的高分子物质制成的浆液，在织物上形成薄膜，从而使织物获得平滑、硬挺、厚实的外观效果，并可提高织物的强力和耐用性。硬挺整理的浆液主要用浆料和少量防腐剂配制。

（三）功能整理

1. 拒水整理

拒水整理是指用拒水整理剂处理织物，改变纤维表面性能，使纤维表面的亲水性转为疏水性的工艺过程。这种整理工艺常用来制作防雨衣。

近年来，出现了能使织物具有既拒水又透湿的双重功能织物，防水透湿织物也广泛应用于户外运动服装和旅游休闲服装中。

2. 防污整理

涤纶、锦纶等合成纤维织物，大都吸湿性差而亲油性强，易产生静电现象，易吸附尘污。防污整理包括拒油整理和易去污整理两种。拒油整理要求能对表面张力较小的油脂具有不润湿的特性。易去污整理也称为亲水性防污整理，它主要适用于合成纤维及其混纺织物的整理，它不能提高服装在穿着过程中的防污性，但能使污垢变得容易脱落，增强织物的易洗涤性能，如图4-9所示。

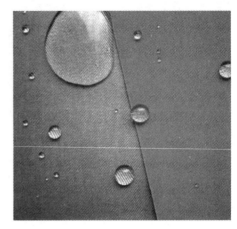

图4-9　经防污整理的面料

3. 阻燃整理

阻燃整理就是对织物进行化学处理使其遇火后不易燃烧或一燃即熄灭的过程。

4. 抗静电整理

合成纤维由于具有很强的疏水性，在干燥的空气中摩擦时会产生静电，主要是在衣服穿脱和运动时出现。如果静电现象严重时，会产生轻微的电击、发出放电声音和出现吸附灰尘等现象。因此，抗静电整理主要针对涤纶、腈纶等吸湿性和导电性较差的合成纤维织物。

抗静电整理是利用具有防静电功能的表面活性剂或亲水性树脂处理织物表面，从而提高织物的导电性能，达到抗静电的目的。

5. 抗紫外线整理

抗紫外线整理的原理是在织物上添加一种能反射或吸收紫外线的助剂，从而阻挡紫外线对人体的危害和影响。能反射紫外线的整理剂称为紫外线屏蔽剂，比如氧化锌、二氧化钛等；对紫外线有选择性吸收的整理剂，称紫外线吸收剂。

6. 卫生整理

卫生整理是用抗菌防臭剂或抑菌剂等处理织物，从而获得抗菌、防霉、防臭和保持清洁卫生的功能。其目的不只是为了防止织物被微生物沾污而损伤，更重要的是为了防止传染疾病，保证人体的健康安全和穿着舒适。

7. 防蛀整理

防蛀整理适用于蛋白质纤维织物,如羊毛衫、丝绸等在贮存过程中容易发生虫蛀现象的织物,防蛀整理就是对织物进行化学(如使用对人体无害的杀虫剂)处理,杀死蛀虫;或对纤维进行改变,使其成为防蛀织物,不再是蛀虫的食料。

8. 涂层整理

涂层是指在织物表面涂覆或粘合一层高聚物材料,使其具有独特的外观或功能的工艺过程。涂覆的高聚物材料称为涂层剂,而粘合的高聚物材料称为薄膜。经涂层整理的织物无论在质感还是性能方面往往给人以新材料之感,其主要加工目的有改变织物外观(如珠光、反光、皮革外观等光泽效果,如图4-10所示)、改变织物风格(如柔软丰满的手感、硬挺等)、增加织物功能(如防水、防紫外线等)。

图4-10 涂层面料及在服装上的应用

❓ 思考与练习

1. 调查三个品牌羽绒服装,试论述服装采用了哪些染色与印花方法。
2. 试阐述牛仔布目前流行的整理方法。
3. 根据流行趋势阐述目前服装面料流行的整理方法。
4. 调查两个品牌户外运动服装,试论述服装采用了哪些整理方法。

第五章

织物服用性能与风格特征

课题名称：织物服用性能与风格特征　　　　课题时间：8课时

📖 课题内容

1. 服用织物的服用性能
2. 服装材料的加工性能与评价
3. 服用织物风格特征

🎯 教学目标

1. 使学生掌握服用织物的服用性能与风格特征
2. 使学生掌握服装面料选用原则
3. 使学生掌握影响织物服用性能和风格特征的主要因素

教学重点： 影响织物服用性能和风格特征的主要因素

教学方法： 1. 讲授法
　　　　　　　2. 讨论法

教学资源：

服用织物的服用性能

　　服装设计离不开三大基本要素，即色彩、款式和材料，无论是色彩还是款式都需要通过材料来体现，材料是服装设计的物质基础。而材料可以通过不同的原料和加工方法形成千变万化的品种，从而创造出不同质感、不同价格、不同品位和不同用途的服装。服装材料的服用性能与风格特征是我们判断、选择和比较材料好坏的依据，关系到服装功能和服装款式的体现，以及最终的穿着效果，也关系到使用、洗涤、熨烫等方面的问题。

　　每种服装材料的服用性能都不尽相同，各有所长，也各有所短。在我们选择和运用服装材料时，关键在于了解和掌握材料的服用性能与风格特征，使一件服装的设计从款式、色彩到材料都能满足人们在装饰性和实用性上的要求。

一、服用性能及其影响因素

　　服装在穿着和使用过程中，其材料会反映出特有的性能，如舒适感如何，保形性、收缩性如何，坚牢度、色牢度、洗涤性、熨烫性又如何，这些都是服装材料服用性能的具体表现，也是我们研究服用性能的重要内容。服装材料的服用性能又称织物的服用性能，是指服装材料在穿着和使用过程中，能满足人体穿着所具备的性能。如对冬季服装材料，要求保暖性好、美观入时，且轻便易洗涤；对夏季服装材料，要求吸汗透气，凉爽舒适又易洗快干，无须熨烫；对内衣材料，要求柔软，无刺激，吸湿，弹性好，静电小；对外衣材料，当然要求既挺括、悬垂、不易变形、不褪色，又耐磨、坚牢，最好还便于洗涤，整烫。这就是人们对构成服装的材料提出的具体要求。影响服装材料服用性能的因素有以下几个方面：

（一）纤维的结构和性能

　　纤维结构和性能对织物的服用性能起着至关重要的作用，如天然纤维与合成纤维由于分子结构的原因，它们在吸湿上存在着本质差别。天然纤维织物易与水分子亲和，吸湿性好，舒适感强。合成纤维分子中无亲水基因，其织物吸湿性差，人体出汗时有闷热感。通过对合成纤维分子结构进行亲水处理，或在纺丝原料中加入亲水成分，或改变纤维横截面形态，均可提高吸湿性能。

（二）纱线的结构和性能

相同原料的纱线，由于细度、均匀度、捻度、混纺比等结构因素不同，其织物在服用性能上也有所差异。如低特高捻度纱线的织物，光洁、滑爽、硬挺；而高特低捻度织物则蓬松、温暖、柔软。短纤维纱与长丝纱结构不同，短纤维纱的织物有温暖感，强度不够好，易起毛起球；光滑型长丝织物则有阴冷感，强度好，不易起毛起球，但易勾丝。

（三）织物组织结构

在其他条件相同下，织物组织不同，其织物在服用性能上也会不同。如针织物的透气性、柔软性和抗皱性会好一些；而机织物的不同织物组织循环内，经、纬纱的交织次数和方式也影响着织物的光泽、手感和耐磨性等。如平纹组织交织次数最多，其织物耐磨性好；缎纹组织浮线长而多，其织物光滑、明亮、柔软、不易折皱，但耐磨性不良，易擦伤、破损；双层组织和起毛组织，厚实丰满，包含大量静止空气，保暖性较好。

织物的经、纬密度（针织物指纵、横向密度）可改善织物的透气性、防风性，冬季服装面料大多致密、防风保暖；夏季面料则稀疏为好，透气凉爽，织物密度过大或过小对坚牢度都不利。

（四）生产加工

从纺纱、织造到印染整理，每一道工序对织物性能都有影响。从整理而言，它可以改善和提高织物的服用性能，并获得附加价值，如阻燃、防缩、防水、防霉、抗皱等整理。薄型织物经砂洗或磨绒整理，厚度增加，光洁度和明亮度减弱，由轻飘变得重垂，而吸湿性有所下降。棉、黏胶织物经树脂整理，弹性和抗皱能力有所提高，柔软度和光滑度也有所改善。

二、服用性能指标

（一）舒适性能

舒适性能是指服装材料为满足人体生理卫生需要所必须具备的性能，特别是冬夏两季服装和内衣对舒适性要求较高。主要舒适性能指标如下：

1. 吸湿性

吸湿性是服装材料在空气中吸收或放出气态水的能力。吸湿性强的服装材料能及时吸收人体排出的汗液，起到散热和调节体温的作用，使人体感觉舒适。吸湿性对服装材料的形态尺寸、机械性能、染色性能和静电性能等都有一定影响。衡量吸湿性的指标是回潮率或含水率。

回潮率是指材料含水量占材料干燥重量的百分率。含水率是指材料含水量占材料湿重的百分率。

$$回潮率 = \frac{材料湿重 - 材料干重}{材料干重} \times 100\%$$

$$含水率 = \frac{材料湿重 - 材料干重}{材料湿重} \times 100\%$$

由于纤维吸湿量是随周围环境的湿度而变化的，为了正确比较各种纤维的吸湿性，规定在温度20℃，相对湿度65％的标准大气条件下，将纤维放置一段时间直至达到稳定值，然后测其回潮率，此条件下所测得的是标准回潮率。

为了贸易和计价的需要，对纺织材料、纺织品统一人为规定回潮率，这一回潮率称为公定回潮率。

织物吸湿能力大小首先取决于纤维的组成和结构。天然纤维分子中有亲水基因，能够吸附水分子并渗入纤维内部，所以吸湿性较强，回潮率高。合成纤维分子中大多不含或含相当弱的亲水基团，而且其分子排列紧密，其织物吸湿能力较差，有的几乎不吸湿，回潮率低。纺织纤维吸湿性从大到小的顺序为：羊毛、黏胶、苎麻、亚麻、蚕丝、棉、维纶、锦纶、腈纶、涤纶、丙纶、氯纶。因此，夏季穿着黏胶、棉、麻、蚕丝类织物，吸湿、透湿性好，能保持人体干爽舒适。

2. 通透性

织物透过空气、水汽和水的能力统称为通透性，不同用途织物对通透性要求也不一样。

（1）透气性。当织物两侧空气存在压力差时，空气从一侧通向另外一侧的性能称为透气性。一般用透气率表示，即在织物维持一定压力差条件下，单位时间内通过织物单位面积的空气量。透气率越大，织物透气性越好。从卫生学角度看，透气性对服用织物十分重要，夏季面料应有较好的透气性，使人感觉凉爽；冬季外衣面料则透气性要小，防止人体热量散失，提高保暖性能。

大多数异形截面纤维的织物透气性比圆形截面纤维的织物要好；压缩弹性好的纤维，其织物透气性也好；吸湿性强的纤维，吸湿后纤维直径明显膨胀，织物紧度增加，透气性下降；若织物密度不变，减小经纬纱细度和增加纱线捻度，有助于提高透气性；若经纬纱细度不变，织物密度增大，则透气性下降；在相同条件下，浮线长的织物透气性好，因此，平纹织物交织点最多，浮长线最短，纱线束缚紧密，透气性最小，斜纹织物透气性较大，缎纹织物透气性更大；厚重织物的透气性小于轻薄织物；起绒、起毛、双层织物透气性较低；织物经水洗、砂洗、磨毛等整理后，透气性减小；一般针织物比机织物透气性要好，皮革、裘皮制品透气性比较小；橡胶、塑料等制品则不具备透气性，多用于劳保和特殊服装。

（2）透汽性。织物通过水汽的性能称为透汽性，又称透湿性。即人体出汗时，织物两侧有一定相对湿度差，汗液蒸发从靠皮肤一侧转移到另一侧的性能。一般用透汽率表示，它是在织物两侧维持一定相对湿度差条件下，单位时间内透过织物单位面积的水汽质量，透汽率越大，织物透汽性越好。水汽透过织物的方式有两种：一种是与高湿空气接触一面的纤维，从高湿空气中吸收湿汽，由纤维传送至织物另一面，并向低湿空气中放湿；另一种方式是水汽直接通过织物内纱线间和纤维间的空隙，向织物另一面扩散。

织物的透汽性与纤维的吸湿性密切相关。吸湿性好的天然纤维织物和人造纤维织物，都有较好的透汽性，特别是苎麻纤维吸湿高，而且吸、放湿速度快，所以苎麻织物透汽性优越，贴身穿着时无黏身感，是舒适的夏季面料，而合成纤维吸湿性能都较差，有的几乎不吸湿，故合成纤维织物的透汽性一般都较差，若与天然纤维混纺，可得以改善。纱线结构疏松或纱线径向分布吸湿好的纤维，其织物透气性较好，如涤棉包芯纱，由于棉纤维包覆于纱线十分有利于吸湿，故织物透汽性比普通涤棉混纺织物要好。改变织物组织结构，降低纱线细度和织物密度，可提高透汽性；织物后整理对透汽性也有影响，棉黏织物经树脂整理后，透汽性下降。

（3）透水性、防水性。织物渗透水的性能称为透水性，即水分子从织物一面渗透到另一面的性能。织物防止水渗透的性能称为防水性。透水性与防水性是相反的性能，不同用途的织物防水性、透水性各不相同，工业滤布等要求有一定的透水性，而服装的一些材料如不具备防水性，则会过量吸水，热传导增大，导致体热散发，引起身体不适，因此风雨衣及一些外衣类织物应具备良好的防水性。

吸湿性较好的纤维织物，一般都具有较好的透水性，如普通真丝、纯棉织物，而纤维表面存在的蜡质、油脂等可产生一定的防水性；织物组织紧密者，防水性好，如卡其、华达呢、塔夫绸等密度较大，防水防风，可制作风雨衣；经过一般防水整理的织物，防水性能优越，但透气、透汽性下降。而防水透湿整理则使织物既防水又透气、透汽，每项通透性指标都能符合人体舒适度的要求。

3. 保暖性

服装材料能够保持人的体温，防止体热向外界散失的性能称作保暖性。服装用织物最初始的用途就是保暖，在寒冷季节或低温环境中，如果服装材料保暖性能较差，会使体热大量散失。一旦超过人体自身调节热平衡的极限，就会损害人体健康，甚至危及生命。因此，冬季服装及低温环境工作服、运动服的保暖性能十分重要。

判断服装材料保暖性如何，不可想当然地认为厚重的织物保暖性一定好，轻薄的就不好，因为织物保暖性优劣首先取决于所含原料的导热性，其次是织物的冷感性和防寒性。织物两面在有温度差的情况下，温度高的一面向温度低的一面传递热量的性能称为导热性，影响织物导热性的因素有纤维的导热系数、含气量和织物密度与厚度。

纤维导热系数（热导率）是衡量纤维导热性的指标之一。导热系数越大，热传递性越好，保暖性越差。从保暖角度看，纤维的导热系数越小，热的传递性越小，保暖性越好。

静止空气的导热系数最小，是热的不良导体。因此，当空气不流动时，织物内含气量越大，保暖性越好；较细的纤维，总表面积大，静止空气层的表面积也大，故绝热性好，如羽绒、某些超细纤维；中空纤维内部含有较多静止空气，导热性小，如中空腈纶纤维、中空涤纶纤维；具有卷曲的纤维，纤维间空隙多，含气量大，十分保暖，如羊毛、羊绒织物；起毛、蓬松的织物以及双层、多层结构的织物含气量大，保暖性好。

密度较大的织物热量不易散失，厚织物比薄织物绝热性好，利于保暖。因此，在原料相同的情况下，织物厚度越大、密度越高，保暖性就越好，因而冬季衣料应紧密厚实。当前的超保暖材料是运用导热系数小的纤维原料，采用空气量大的双层、多层织物结构，或再配以隔热层，达到既轻薄又十分保暖的效果。

4. 静电性

纺织纤维是电的不良导体，当人体活动时，皮肤与衣料间、衣料与衣料间相互摩擦，电荷积聚，产生静电的性能称为静电性。如果在黑暗中穿脱静电性较大的衣服，能听到"叭、叭"声，并看到闪光，这就是衣服上积聚的电荷引起静电释放的现象。

各种纤维的静电性不同。棉、麻、毛、丝、黏胶等纤维吸湿性好，导电性较强，不易产生静电积聚。而合成纤维吸湿性差，特别是普通的涤纶、腈纶、丙纶几乎不导电，带电现象严重。静电较大的服装穿着很不舒适，当人体活动时衣料会缠裹、吸附于人体，既破坏了服装原有造型，又妨碍行动，穿脱也不方便。此外，静电易使环境中小的灰尘吸附在服装上，产生污染，对健康不利，而静电过大时，会产生静电火花，在易燃环境中，可能造成火灾及爆炸，危害生命财产安全。因此，对于有些合成纤维织物应进行抗静电整理才能穿着舒适。

（二）耐用性能

服装在穿着和打理的过程中，要受到拉伸、撕裂、顶破、摩擦、温度、洗涤、化学品、日晒等作用，这些因素影响着服装材料的使用寿命，因此在穿着和使用中只有了解各种材料的耐牢特性，才能扬长避短，尤其避免耐牢性不足而给穿着者带来的麻烦和问题，保证每一次穿着、洗烫、晾晒等都完好无损。

1. 强力

织物强力包括拉伸强力、撕裂强力和顶破强力。

（1）拉伸强力。拉伸强力是指织物在规定的条件下沿经向或纬向拉伸至断裂时所能承受的外力。衡量拉伸强力的指标有断裂强度和断裂伸长率，用于衡量织物对拉伸外力的承受性能，但并不能完全代表织物的使用寿命长短。

断裂强度是织物单位面积所能承受的最大拉伸外力。断裂伸长率（％）是指织物在断裂时，伸长量与原长度之比。织物的断裂强度和断裂伸长率与纤维的强伸性有关。实验证明：高强高伸的织物耐用性好，如锦纶、涤纶织物。低强高伸织物比高强低伸织物耐穿，如羊毛织物耐用性好于苎麻织物；氨纶属低强高伸纤维，其织物比较耐穿。黏胶纤维是低强低伸，其织物耐用性较差。

（2）撕裂强力。撕裂强力是指在规定条件下，从经向或纬向撕裂织物所需的外力，服装在穿着中，织物由于局部受到集中负荷而撕裂，它是纱线依次逐根断裂的过程。纱线强力大者，织物耐撕裂，故合成纤维织物这方面优于天然纤维织物和人造纤维织物。合成纤维与天然纤维混纺，可提高撕裂强力。机织物组织交织点越多，经纬纱越不易滑动，撕裂强力越小。因此，平纹织物撕裂强力较小，缎纹织物最大，斜纹织物居中。

（3）顶破强力。织物在与其平面相垂直的外力作用下，鼓起扩张而破裂的现象称为顶破或顶裂。服装肘部、膝部、手套、袜子、鞋面等受力方式均属顶破形式。织物随厚度增加，顶破强力明显提高。当经纬密度相差较大时，在强度较弱处易顶破。经纬纱断裂伸长率较大的织物，顶破强力也较大。

2. 耐磨性

织物在穿着、使用过程中一次受力破坏，或局部负荷集中破坏的情况并不多见，主要是受到不同外界条件的作用而逐渐降低其使用价值，特别是磨损，它是造成织物损坏的主要原因。织物抵抗与物体摩擦逐渐引起损坏的性能称为耐磨性。一般以试样反复受磨至破损的摩擦次数来表示，或以受磨一定次数后的外观、强力、厚度、重量的变化程度来表示。

织物的磨损方式有：平磨、曲磨、折边磨、动态磨和翻动磨。如衣服的袖部、裤子的臀部与接触平面的摩擦，袜底与鞋的摩擦等均属平磨；衣服的肘部、裤子膝部与人体的屈曲状摩擦为曲磨；衣服的袖口、领口及裤口与人体皮肤摩擦属折边磨，人体活动过程中与服装的摩擦为动态磨，翻动磨则是洗涤时，织物和水或织物相互间的摩擦。

织物的耐磨性与纤维种类有关。长丝织物比短纤维织物耐磨，纤维不易从纱中磨出；

纤维细度适中更耐磨。由于织物磨损过程中，纤维疲劳断裂是基本的破坏形式，因此，纤维断裂伸长率大、弹性恢复率高，织物耐磨性一般都较好。如合成纤维中的锦纶织物具有最优的耐磨性，其次是涤纶、丙纶和维纶织物。因此，锦纶与其他纤维混纺，可提高耐磨性。袖口、裤口、领口可用锦纶丝作加固。天然纤维中．羊毛虽强力较低，但伸长率较大，弹性恢复率较高，在一定条件下，耐磨性较优良。

厚型织物耐平磨性能较好；薄型织物耐曲磨及折边磨性能好；当经、纬密度较低时，平纹织物较为耐磨；织物表面光滑度影响耐磨性，表面有毛羽或毛圈的织物磨损不像平滑织物那样显著；棉、黏胶织物经树脂整理后耐磨性有所改善。

3. 耐热性

服装材料在热的作用下性能不发生变化所能承受的最高温度称为耐热性，即对热作用的承受能力。通常采用纤维受短时间高温作用，回到常温后强度能基本或大部分恢复时的温度，或以纤维强度随温度升高而降低的程度来表示纤维的耐热性。用一定温度下强度随时间增长而降低的程度来表示纤维热稳定性。耐热性和热稳定性差的纤维其织物洗涤和熨烫的温度不可过高。

4. 耐日光性

在阳光照射下织物会发生裂解、氧化、强度损失、变色、耐用性降低等性质变化。耐日光性就是织物抵抗因日光照射而性质发生变化的性能。织物日晒后氧化裂解，其强度损失与光照强度、时间、纤维种类等有关。

各种纺织纤维耐日光性从优到劣的大致次序为：腈纶、麻、棉、毛、醋酯纤维、涤纶、氯纶、富纤、有光黏胶纤维、维纶、无光黏胶纤维、铜氨、锦纶、蚕丝、丙纶。

5. 色牢度

色牢度是指染料与织物结合的坚牢程度，以及染料发色基团的化学稳定程度。织物颜色变化分为落色、剥色、变色三种。

落色（即褪色）是指织物上的染料与纤维分离，使颜色浓度降低。

剥色（即消色）是指染色分子的发色基团受到破坏而不再反映颜色的现象。

变色是指发色基团破坏后，产生新的发色基团，引起颜色改变的现象。

色牢度指标有日晒牢度、摩擦牢度、汗渍牢度、皂洗牢度、干洗牢度、熨烫牢度、耐酸碱牢度等。色牢度的级别越低，色牢度越差，如一级最差，表示织物颜色完全改变或被破坏，级数越高表示色牢度越好。

影响色牢度的因素有染料性质、染色条件、印染方法、染后处理和织物组织结构等。

6. 收缩性

织物在湿、热、洗涤的情况下，尺寸收缩的现象称为收缩性。它影响织物的尺寸稳定性、外观甚至穿着，降低耐用性。收缩性分为缩水性和热收缩性。

（1）缩水性。织物在常温的水中尺寸收缩称为缩水性。缩水程度可以用织物缩水率来表示。

$$缩水率 = \frac{缩水前尺寸 - 缩水后尺寸}{缩水前尺寸} \times 100\%$$

织物的经、纬向缩水分别引起长度和幅宽尺寸的改变，有的还会增加厚度，根据经、纬向缩水率，可预算出衣料尺寸预留缩水量，或先行预缩，以保证服装尺寸的合适。

造成缩水的原因主要是：其一，由于纤维吸湿而膨胀变形，使经纬纱直径变粗、纤维在织物中弯曲程度加大，导致长度和幅宽减小；其二，织物在生产加工过程中，纤维、纱线不断受到各种拉力的作用，引起伸长变形，当织物下水后，由于水分子的渗入，伸长变形回复，织物尺寸回缩，而毛织物则因为独特的缩绒特性，在水、外力的作用下产生收缩。

影响织物缩水率的因素还有很多，吸湿性大的纤维，缩水率较大，反之，缩水率较小。如天然纤维和人造纤维的缩水率较大，而涤纶、锦纶织物缩水率很小甚至不缩；纱线捻度较大者缩水率高；组织稀疏的织物比紧密的织物缩水率要大，经纬纱密度影响缩水率，经密大则经向缩水率大。一般织物经向缩水率较纬向大，缩水率较大的织物可进行物理或化学防缩整理。

（2）热收缩性。织物受热发生收缩的性能称热收缩性，用热收缩率表示。根据加热介质不同，有沸水收缩、热空气收缩、饱和蒸汽收缩及熨烫收缩。合成纤维及以合成纤维为主的混纺织物均有热收缩性，故洗涤和熨烫时要拿捏适当温度。热收缩性过大会影响织物尺寸稳定性。锦纶、腈纶面料高温熨烫、热水洗涤时会出现热收缩，尺寸缩小，表面缩皱不平，原因在于它们的耐热性、热稳定性不良，对热作用的承受能力不高，在热的作用下，性能发生变化。维纶面料耐热性较好，但湿水后耐热性极差，收缩严重。

7. 燃烧性

服装材料可否燃烧以及燃烧的难易程度称为燃烧性。棉、麻、黏胶和腈纶属易燃纤维，燃烧迅速；羊毛、蚕丝、锦纶、涤纶等是可燃纤维，但燃烧速度较慢；氯纶难燃，与火焰接触时燃烧，离开火焰自行熄灭；石棉、玻璃纤维是不燃纤维，与火焰接触也不燃烧。织物的燃烧性越来越为人们所关注，特别是防火工作服、童装和装饰织物等。

（三）外观性能

织物的外观性能决定其挺括感、悬垂感、保形性及免烫性等，影响服装穿着的外观效果。

1. 抗皱性

织物抵抗折皱变形的能力称为抗皱性，当外力去除后织物能回复原状态至一定程度的性能称为折皱弹性。

各种纤维织物中，涤纶、丙纶、羊毛织物抗皱性优良；醋酯纤维、腈纶织物抗皱性一般；黏胶、棉、麻、维纶、氯纶织物抗皱性较差。缎纹组织的抗皱性优于平纹组织；纱线捻度适中的织物，抗皱性较好。

2. 免烫性

免烫性又称洗可穿性，是指织物洗涤后，不经熨烫整理（或稍加熨烫）而保持平整状态，且形态稳定的性能。免烫性直接影响织物洗后的外观性。

织物的免烫性与纤维的吸湿性、抗皱性和缩水率密切相关，一般来说，纤维吸湿性小、抗皱性好、缩水率低的织物免烫性就好。涤纶织物的自然免烫性最好，其原因是纤维吸湿性小，织物在湿态下的折皱弹性好，缩水率小。合成纤维基本都具备这些特点，免烫性都比较好。天然纤维和人造纤维吸湿性较大，下水收缩明显，且干燥缓慢，织物形态稳定性不良，因而洗后表面不平整，皱痕明显，必须经熨烫整理后才能恢复洗涤前的平挺外观。树脂整理可改善和提高棉、麻、黏胶织物的免烫性。天然纤维及人造纤维与涤纶、锦纶纤维混纺也有助于提高免烫性，织物稍加熨烫即可恢复平整挺括的外观。

3. 刚柔性

织物的硬挺和柔软程度称为刚柔性。织物刚柔性影响服装的制作和服装款式的体现，也关系到服装的体感舒适度。纤维越细，其织物的柔软性越好；纤维越粗，其织物刚性越大。如细羊毛与粗羊毛织物刚柔性差异极为明显；相同纤维原料的纱线，细度粗时，织物较硬挺，反之，织物较柔软。纱线捻度的增大，会使织物变得硬挺；织物组织也影响刚柔性大小。机织物中，交织点越多，浮长越短，经纬纱间相对移动的可能性就越小，织物就越硬挺。所以平纹织物较斜纹、缎纹织物要硬挺。针织物中，线圈长度越长，纱线间接触点越少，越易滑动，织物就越柔软。织物的后整理可改善其刚柔度，如棉、黏胶织物经硬挺整理，身骨可由柔软变得硬挺；有些织物需进行柔软整理，通过机械揉搓和添加柔顺剂，提高织物的柔软度。

4. 悬垂性

悬垂性是织物在自然悬挂状态下，受自身重量及刚柔性等影响而表现的下垂特性。某些服装和装饰织物要求具有较好的悬垂性，如裙装、外衣、帐幕、窗帘等。织物的悬垂性对服装的造型十分重要，悬垂性好的织物能充分展示出服装线与面的美感以及优雅的造型，特别是外衣类及礼服类面料。

悬垂性与纤维刚柔性和材料重量有关，硬而轻的织物不悬垂，软而重的织物悬垂性好。麻纤维刚性大，悬垂性不佳；蚕丝、羊毛柔性好，织物悬垂性强；黏胶织物重量大，下垂感强，有坠性；腈纶织物由于轻而缺乏垂感；织物中纤维和纱线细度低者，有利于织物悬垂，如蚕丝织物、高支精梳棉织物、精纺羊毛织物，织物厚度增加则悬垂性下降。

5. 起毛起球性

织物在穿着和洗涤过程中，不断受到摩擦和揉搓等外力作用，使纤维端露出织物表面，出现毛绒。这一过程称为"起毛"。若这些毛绒不及时脱落，继续摩擦后相互纠缠在一起形成纤维球，称为"起球"。织物起毛起球会影响织物的外观和耐磨性，降低服用性能，导致无法穿着。

织物起毛起球与纤维性质、纱线性状、织物结构、染整加工及服用条件等有关，长丝织物较短纤维织物起毛起球性小；粗纤维织物较细纤维织物不易起毛起球；纤维强度、伸长度好的合成纤维不易磨断、脱落，一旦起毛就容易进一步纠缠起球，所以锦纶、涤纶、腈纶织物起毛起球较严重，天然纤维中的棉、麻、蚕丝织物起毛起球性小；人造纤维织物容易起毛；纱线捻度与起毛起球密切相关，捻度较小时，纤维间束缚不够紧密，容易起毛起球；毛羽多的纱线、花式纱线及膨体纱织物也容易起毛起球；针织物比机织物起毛起球性大；密度大的织物、表面光滑平整的织物、经烧毛、剪毛、热定形或树脂整理的织物起毛起球性较小。

6. 勾丝性

织物在使用过程中，如遇到坚硬物体使纤维或长丝被勾出、勾断而露于织物表面，这种现象称为勾丝。勾丝主要发生在长丝织物和针织物中，不仅使织物外观严重恶化，还影响耐用性。纤维伸长力和弹性大时，能缓和勾丝现象；结构紧密、条干均匀的纱线不易勾丝；增加捻度也可减少勾丝；组织紧密，表面平整的织物不易勾丝。

第二节

服装材料的加工性能与评价

一、熨烫性

织物的熨烫性是指织物或服装熨烫处理的难易程度。熨烫的作用是使服装平整、挺括、折线分明、合体而富有立体感。它是在不损伤服装材料的服用性能及风格特征的前提下，对服装施以一定的温度、湿度（水分）和压力等，使纤维结构发生变化，产生纤维的热塑定形和热塑变形。服装及服装材料的熨烫性常常用折缝效果、熨烫尺寸变化率、光泽变化与色泽变化来进行评价。

1. 折缝效果

实验仪器与设备可采用全蒸汽工业熨斗或家用电熨斗、烫台、剪刀等。

试样从距布边10cm以上，距布端1m以上的部位裁取经纬有代表性的试样各数条，尺寸均为15cm×20cm。试样应平整且每个试样不含有相同的经（纬）纱，不能有纬斜、粗细节、稀密路等影响试验结果的疵点。试样在标准大气压下平衡24小时以上。将试样正面朝外折叠，放置在具有吸气能力的烫台上。采用全蒸汽工业熨斗时，是湿热熨烫，蒸汽压力为196.4～392.8kPa（2～4kgf/cm²），同时施加2.94kPa（30gf/cm²）的压力，压烫时间与汽蒸时间为10秒，以10cm/s的速度往复三次，往复的距离为熨斗底板长度加上15cm左右，并施以一定的温度。若采用家用熨斗则为干热熨烫，实施压力、压烫时间、移动速度及往复次数、施加温度均同上。熨烫温度为棉、麻180℃；羊毛、黏胶纤维、铜氨纤维160℃；聚酯纤维、维纶140℃；蚕丝、醋酯纤维、锦纶、腈纶120℃；丙纶、氯纶100℃。熨烫完成后，将试样静置于标准大气下24小时后再进行测评。

2. 熨烫尺寸变化率

实验仪器与设备采用家用干式熨斗（带有自动温度调节器）或专业用蒸汽熨斗（具有自动产生蒸汽并可控制蒸汽压力的装置）。

从样品上剪取3块约15cm×15cm的代表性试样，在试样中央画一个边长为8cm的方格，并在经向或纬向各对边中点画中线连接，经向或纬向各3处为测量距离。在试样的测量区间分别测量经纬3对标记的初始长度。对不同的熨斗可采取不同的处理方式。

干式熨烫（家用干式熨斗）是将试样置于熨烫板上，熨斗底板中心温度加热至规定温度后，用家用熨斗对试样施加一定压力，沿试样横向方向以一定速度往复熨烫。熨斗来回熨烫的距离应长于底板长度15cm左右。

喷雾熨烫法是向整个试样喷雾使其均匀润湿后，将测试样置于熨烫板上，按上述方式来回熨烫一定次数。

蒸汽熨烫法（专业用蒸汽熨斗）是将试样置于带有吸引器的熨烫板上，通过设定蒸汽压力为196kPa（2kgf/cm²）的专业用蒸汽熨斗，对其施加约2.9kPa（30gf/cm²）的压力，同时加蒸汽，并通过吸引器回吸蒸汽，沿试样横向方向以大约10cm/s的速度往复熨烫三次。熨斗来回熨烫的距离应长于底板长度15cm左右。

蒸汽悬浮熨烫法是将试样置于带有吸引器的熨烫板上，用专业用蒸汽熨斗以196kPa（2kgf/cm²）的蒸汽压力，在距离试样表面1cm左右高度喷气15秒，同时通过吸引器回吸蒸汽。

将试样置于熨烫板上，去除非自然褶皱或外部张力，测量经纬3条直线的长度。进行结果计算：分别求出熨烫处理前后各试样的经纬向3处测量区间的直线长度平均值，计算尺寸变化率，再计算出3块试样的尺寸变化率平均值，精确至小数点后一位。若3块试样中，经纬向的尺寸变化率的最大与最小差值大于0.6%时，应按上述方式加测2块试样，再对5块试样经纬向尺寸变化率平均。

$$尺寸变化率 = \frac{处理前长度 - 处理后长度}{处理前长度} \times 100\%$$

二、可缝性

平面的服装材料除采用熨烫外，再就是经一定的缝合方式来满足人体曲面要求。服装材料的可缝性是对缝口质量的评价，也是对缝制品质的反映。然而，由于不同的服装材料、缝纫线、缝纫设备及其状态，其可缝性是不一样的。服装材料的可缝性多以接缝过程中及接缝后的效果来进行评价，常用的指标有缝缩率、移位量、针损伤及断线率等。缝缩率用以表示服装材料（特别是薄型材料）缝合后，在线迹周围产生的波纹，即缝皱程度。移位量表示材料接缝后，因其摩擦力变化产生的上、下两层的缩量差异。针损伤用以表示在缝纫过程中，由于针穿过服装材料而造成纱线的部分断裂、完全断裂或纤维熔融的情况。断线率也即缝纫线的可缝性，表示缝纫线在缝合过程中，在专用缝纫材料上，经一定长度后断开的情况，或者缝纫断线时所能缝制的米数。

缝制时产生皱缩和移位的原因除与缝纫机本身的转速、针粗细、针孔板大小、压脚压力等有关外，织物本身的特性则如厚度、柔软性、摩擦特性、覆盖系数等也是主要影响因素。这是因为织物很厚时，其内部容易吸收所产生的应力应变而不易屈曲，故不易产生线缝收缩，但薄型织物抗变形性小，易屈曲，容易受到穿针引起的应力应变的影响而发生线缝收缩。因此，进行硬挺整理或缝制时垫纸可减少线缝收缩。对于柔软性，若织物过于柔软，由于缝纫针的贯穿阻力或缝纫线张力作用，其变形量大，织物受到屈曲应力而容易产生褶皱。此外，针贯穿力大的织物，因缺少变形后的复原能力而易发生线缝收缩。织物表面的摩擦特性与缝制时上下层布的送布运动密切相关，是产生缝制错位的主要原因之一。织物之间的动摩擦系数越大，压脚和织物之间的动摩擦系数越小，缝制错位越小，且线迹良好。而织物覆盖系数与缝缩正相关，织物覆盖系数大时，若使缝纫线硬挤进去，织物就会沿线迹部分伸展而线迹附近两侧不伸展，从而造成线缝收缩。

1. 缝缩率的测定

实验采用工业用平缝机（单针）、钢板尺等仪器设备。

从距布边10cm以上、距布端1m以上的部位裁取试样。试样应平整，没有皱、缩现象，不能有纬斜、粗细节、稀密路等影响试验结果的疵点。每个试样不能含有相同的经、纬纱。试样尺寸为60cm×5cm，经、纬向试样各不少于6条。试样长度方向与接缝方向平行，在长度方向的两端分别做标记，为7cm、3cm。试样在标准大气压条件下平衡24小时以上。将每2块相同方向的试样重叠，使试样在一定的缝制条件下，不用手送料，在试样中间缝一条直线。

缝缩率计算公式如下：

$$S = \frac{L - L_1}{L} \times 100\%$$

式中：S——缝缩率，精确至整数位，%；

L——缝制前两记号之间的长度，mm；

L_1——缝制后下层试样两记号之间的长度，mm。

以6块组合试样的平均值表示经、纬向的缝缩率。

移位量计算公式为：

$$\Delta L = L_2 - L_1$$

式中：ΔL——接缝后上、下层试样之间由于缝缩不等产生的移位量（精确至 0.1mm），mm；

L_2——接缝后上层试样两记号之间的长度，mm；

L_1——缝制后下层试样两记号之间的长度，mm。

以6块组合试样的平均值表示经、纬向的移位量。

2. 缝纫针损伤的测定

采用工业用平缝机（单针）、放大镜等仪器、设备。如评定已接好的缝迹时，从一批服装中随机取一箱有代表性的样品。若从织物上取样制备测试试样时，其接缝形式、线迹类型、织物方向、接缝方向、缝头宽度、线迹密度、针距宽度、缝纫机针的品种、缝纫线品种与线密度等均是制备测试试样时应考虑的因素。

试样从织物的不同部位剪取，每个测试方向不得含有相同的经纱或纬纱，对于每一种接缝，每个方向的试样不少于5块。试样尺寸为150mm×（25~100）mm，其长度方向为线迹方向，即测试方向。试样最好经一定工艺的水洗或干洗等处理，在标准大气压条件下平衡24小时以上进行测试。

调整缝纫机状态，选择接缝形式、线迹类型、线迹密度、针距宽度、缝纫机针的品种、缝纫线品种与线密度等进行接缝。

（1）用手给试样施加一定的张力，使接缝处线迹裂开，检验接缝中可见的针伤及针伤对接缝外观的影响。记录在每块试样接缝中针的穿透次数。在每个线迹的中央处将缝纫线剪断，使各层织物分开，选择单层织物将缝纫线小心地从接缝上的每个针孔中拆掉，评定针损伤。

（2）沿线迹两侧约3mm剪去缝头，用一根挑针或类似的工具除去平行或最近似的平行于线迹的纱线，直至靠近线迹行，计数并记录被除去纱线的总和（包括熔融的纱线和严重受损的纱线）；计数并记录熔融和部分熔融的纱线；计数并记录严重受损和至少有一半受损的纱线，两者总和为受损纱线数。

（3）对于垂直于或近似垂直于接缝方向的纱线，计数并记录此方向纱线总和，计数并记录与接缝方向相同程度受损的纱线总和。

（4）针损伤指数。

$$NF = \frac{N_Y}{T_Y} \times 100\%$$

式中：NF——针损伤指数，%；

N_Y——评定方向受损伤的纱线数；

T_Y——评定方向纱线的总数。

或

$$ND = \frac{N_Y}{P_Y} \times 100\%$$

式中：ND——针损伤指数，%；

N_Y——评定方向受损伤的纱线数；

P_Y——针穿透数。

3. 缝纫线可缝性的测定

采用工业用高速平缝机（单针）、工业缝纫机针等仪器设备。

缝纫线要求从被测缝纫线中随机取样3只，在标准大气压条件下平衡24小时以上进行测试。缝纫线可缝性的测试需在一定的试料下进行，常用的试料有：T/C205涤棉纱府绸，经纬线密度为13tex/13tex，织物经纬密度为523.5根/10cm×283根/10cm；136涤棉树脂衬布，经纬线密度为45tex/45tex，织物经纬密度为208根/10cm×110根/10cm；纯棉带，经纬线密度为28tex×2/10tex×2×2，织物经纬密度为312根/10cm×116根/10cm。试料尺寸为200cm×10cm，涤纶缝纫线与涤棉包芯缝纫线的试料是在两层试料的基础上加1层涤棉树脂衬；棉缝纫线的试料是7层纯棉带。各层试料应参差排列，经缝合组成环状的整体试料。缝合时，先缝中心线，随后向两边等距各缝1条线，最后在边部各缝1条，共缝5条平行线，在接头处做记号，以便计算圈数。试料同样也需在标准大气压条件下平衡24小时以后使用。

调整缝纫机，使其处于正常状态。取一只试样在缝纫机上连续缝纫，每条缝线之间应有一定的间隙，不能重叠。记录缝纫线断线时所缝的米数（以试料圈数×2＋不足圈的实测长度）。如果缝制至41m时，缝纫线仍未断头，便可停止缝纫。间隔5分钟后可进行下一个测定。测试时，如果面线因结头而断线，或底线断线，不能作为试样断线，应舍弃数据重新测试。

三、接缝性能测试

服装材料通过缝纫以接缝的形式拼接在一起。缝合后的材料在缝纫线迹处接缝，由于材料中纱线间状态、纤维间状态、组织结构的状态、经（直）向或纬（横）向接缝的方式、缝纫线线密度、针迹密度等的不同均会影响接缝性能。

接缝性能的评价方式主要包括缝口脱开程度和接缝强力（度）两方面：缝口脱开程度，也称缝子绽裂程度，是反映织物缝合性能的指标，是指经缝合的面料受到垂直缝口的拉力作用时，使横向纱线在纵向纱线上产生滑移，所呈的稀缝或裂口。

它反映了织物制成服装后接缝的有效性，也直接影响着服装的外观和视觉风格，严重时甚至使服装报废。我国机织服装标准大多将缝口脱开程度作为考核指标，其测试方法一般采用定负荷法。接缝强力（度）是指在规定条件下，对含有一接缝的试样施以与接缝垂直方向的拉伸或顶胀，直至接缝破坏所记录的最大的力。

它是考核织物接缝坚牢程度的主要指标。

第三节
服用织物风格特征

一、织物风格特征

织物的风格特征是人的感觉器官对织物所作的综合评价，它是织物所固有的物理机械性能作用于人的感觉器官所产生的综合效应。通常依靠人的视觉、触觉、听觉和嗅觉等方面来对织物风格进行评价。

二、织物风格特征的内容

织物风格特征的内容包括视觉、触觉、听觉和嗅觉等方面的内容。

1. 视觉风格特征

视觉风格特征是指以人的视觉器官——眼睛对织物外观所做出的评价，主要包括色彩、图案、光泽、肌理和质感等。

俗话说"远看颜色近看花"，对于服用织物来说，色彩图案的评价是相当重要的。织物的色彩会使人产生兴奋、雅致、肃穆、恐怖的感觉，也是体现时尚、流行的手段之一，而图案直接体现织物的艺术内涵，例如，几何图案和风景花鸟直接影响服装风格。色彩与图案可以通过印花与织造实现，与纤维原料、织物组织和纱线粗细有关。例如，服装面料的表面有的细腻，有的粗犷，有的光滑，有的有毛绒覆盖，这些都会影响光泽的吸收和反射，因此服装的色感一定要结合具体的面料。采用丝绸面料的粉红颜色，给人以时髦、娇嫩、纯洁、内敛的感觉，如图5-1所示；采用驼色呢绒面料给人安静、端庄、优雅、大方的感觉，如图5-2所示。

织物光泽是材料固有的特征，影响织物的光泽因素非常多，可以说，从纤维本身的特性到所有的加工工艺都会影响织物的光泽。例如，蚕丝有天然的美丽光泽，缎纹织物的光泽优于平纹织物，棉织物经过丝光整理后光泽有所改善。织物光泽不同给人不同的视觉感受，我们经常用柔光、膘光、肥亮、闪光和极光等来描述织物的光感。例如，膘光是指类似于肥壮牲畜毛被的光泽感，其代表性材料是天然毛皮和毛织物，给人以饱满、富有生机、高贵端正的感觉；闪光，是那种熠熠闪烁的耀眼光泽，有精灵般的动感，对视觉的刺

图5-1 丝型织物的服装

图5-2 毛型织物的服装

激十分强烈，能营造出亮丽悦动的氛围，如有亮片点缀的面料，那种刺眼的光亮绝非天然纤维所能比，在需要营造华丽气氛的场合需要闪光面料；真丝的软缎属于柔光，光泽柔和，给人华丽端庄感觉，常用作正式场合的礼服。

肌理指织物表面的形态和纹理，主要指材料表面的组织、排列、凹凸所形成的表面构造给人以粗糙和光洁、立体和平面、复杂和简洁、疏松和致密等视觉感受，而质感是材料综合性能的外在体现，例如，材料的软硬感、冷暖感等，从纤维本身的特性到所有的加工工艺都会影响织物的肌理和质感，肌理对材料的质感有增强的作用，如凡立丁面料的轻薄滑爽可以增加织物凉爽透气的感觉，因此肌理和质地都对服用织物视觉风格产生影响。

2.触觉风格特征

触觉风格特征是以人的触觉器官——手对织物的触摸感觉所做出的评价，触觉风格也简称为手感，手感现在已经成为确定面料档次和价位的重要因素之一，手感一般是通过手在平行于材料平面方向上的抚摸和垂直于材料平面方向上的按压及握持而获得感觉，主要有：

表面特征：光滑、平挺、粗糙、滑糯；

软硬度：柔软、硬挺、软塌、有身骨、板结；

冷暖感：温暖、阴凉；

体积感：丰满、蓬松、轻薄、厚重；

重量感：沉重、轻快、轻飘、重垂；

弹挺感：挺括、柔弹、疲软、不板不烂。

3. 听觉风格特征

听觉风格特征是指以人的听觉器官——耳朵对织物摩擦、飘动时发出的声响做出评价。例如，声响有大有小，有柔和与刺激，有悦耳与烦躁，有清亮与沉闷，以及真丝织物的丝鸣现象。

4. 嗅觉风格特征

嗅觉风格特征以人的嗅觉器官——鼻子对织物发出的气味做出评价。例如，燃料气味，动物毛气味，樟脑气味，腈纶气味，香料气味等。

三、织物风格特征的评定

织物风格特征的评定概括起来有两种：主观评定和客观评定。

1. 主观评定（感官评定）

主观评定是直接通过人的感觉器官对织物的外观和手感进行评定的方法。特点：简便、快速、易行，很有实用价值，准确率高，但具有局限性。

2. 客观评定

客观评定主要利用织物风格测试仪来测试。

📝 思考与练习

1. 什么是服装材料的服用性能？影响因素有哪些？
2. 什么是织物的风格特征？描述织物风格特征的具体内容有哪些？
3. 织物的风格特征如何影响服装设计和服装穿着效果，举例说明。
4. 评定织物的风格特征有哪些方法？
5. 根据织物服用性能和风格特征，设计一款服装。

第六章

服装用面料

课题名称：服装用面料　　　课题时间：12课时

📖 **课题内容**

1. 机织面料
2. 针织面料
3. 毛皮与皮革

🎯 **教学目标**

1. 使学生掌握各类服装用面料常规品种与特点
2. 使学生正确识别常用面料品种
3. 使学生掌握各种服装用面料在服装中的应用

教学重点：常用面料正确识别；常用面料在服装中的应用

教学方法：1. 讲授法
　　　　　　2. 实践法
　　　　　　3. 讨论法

教学资源：

第一节
机织面料

一、棉织物

棉织物是指以棉纤维或棉型化学纤维为原料，纯纺、混纺或交织而成的织物。

纯棉织物的特点是光泽自然柔和，穿着舒适，坚牢耐用，经济实惠；吸湿性强，染色性能优良，色泽鲜艳，色谱齐全，但色牢度较差；手感柔软，但弹性较差，易折皱，洗后需熨烫，可通过树脂整理提高其抗皱性；不易被虫蛀，但易受微生物的侵蚀而霉烂变质。

棉织物品种繁多，风格各异，按其纱线加工方法不同可分为普梳织物和精梳织物；按其纱线结构不同，可分为纱织物、线织物和半线织物；按商业经营业务习惯可分为原色织物、漂白织物、染色织物、印花织物、色织物等；按织物组织可分为平纹类、斜纹类、缎纹类和起绒类棉织物等。下面介绍几种常见棉织物的风格特征及其服用适用性。

1. 平布

平布采用平纹组织织制，经纬纱线密度和经纬密度相同或相近，正反面无明显差异。根据所用经纬纱的粗细，平布可分为粗平布、中平布和细平布。粗平布又称粗布，经纬纱采用32tex及以上的粗特纱织成，质地粗糙、厚实，布面棉结杂质较多，坚牢耐用，如图6-1所示。

市销粗平布主要用作服装衬布，经染色加工后可做衫、裤和劳保服装面料。中平布又称市布，经纬纱用21～31tex的纱线织成，结构较紧密，布面平整，质地坚牢，手感较硬，如图6-2所示，主要用作衬料、被里布和居家服。

细平布又称细布，经纬纱采用21tex以下较细的纱线织成，布身匀整、细洁柔软，质地轻薄，布面杂质少，如图6-3所示，多加工成漂白布、染色布和印花布，可制作内衣、衬衫、裤子等。

2. 府绸

府绸是一种细特高密的平纹或平纹地小提花棉织物，由于略带丝绸风格，故名府绸。府绸密度较高且经密高于纬密，经纬密之比为2：1或5：3，织物中纬纱处于较平直状态而经纱屈曲较大，因此织物表面呈现明显均匀的菱形颗粒。

图6-1　粗平布

图6-2　中平布

图6-3　细平布

府绸品种较多，按纱线结构有纱府绸、半线府绸和全线府绸；按纺纱工艺有普梳、半精梳和精梳府绸；按织造工艺有平素、条格和提花府绸；按染整工艺有漂白、杂色和印花府绸等。府绸用纱特数较细，部分采用精梳纱织制，具有质地细密、轻薄，结构紧密，布面光洁，织纹清晰，颗粒饱满，手感滑爽，光泽莹润等特点，如图6-4所示，是理想的衬衫、内衣和风衣面料。

图6-4　府绸

3. 麻纱

麻纱通常采用捻度较大的细棉纱作为经纬纱，以平纹变化组织织制，布面上呈现宽窄不同的条纹和细小孔隙，因挺爽如麻而得名。其主要风格特征是织物质地轻薄，条纹清晰，挺爽透气，穿着舒适。麻纱有漂白、染色、印花、色织、提花、方格等品种，主要用作夏季男女衬衫、儿童衣裤、裙装等面料。

4. 巴厘纱

巴厘纱又称"玻璃纱"，是用细特强捻纱织制的稀薄平纹织物。巴厘纱采用纯棉或涤棉精梳纱线，细度一般在10tex以下，捻度较大，且密度稀疏。其主要风格特征是织物质地稀薄，布孔清晰，手感挺爽，吸汗透气，独具"稀、薄、爽"的风格，适用于夏装、童装、内衣、睡衣，也可做装饰或抽纱用织物。

5. 牛津布

牛津布又称牛津纺，采用纬重平或方平组织织制。经纬纱中一种是涤棉纱，另一种是纯棉纱，细经粗纬，纬纱特数一般为经纱的3倍左右。其主要风格特征是织物色泽柔和，

图6-5 牛津布

图6-6 单面纱卡其

布身柔软，透气性好，穿着舒适，如图6-5所示，多用作衬衣、运动服和睡衣等面料。

6. 卡其

卡其是高紧度的斜纹织物，是棉织物中斜纹组织的一个重要品种，具有质地紧密，织纹清晰，手感厚实，挺括耐穿等特点。

卡其品种较多，根据其组织结构不同可分为单面卡其、双面卡其和人字卡其，根据所用纱线结构不同可分为纱卡其、半线卡其和线卡其。单面卡其用三上一下左斜纹组织，正面有左倾斜向纹路，反面没有，如图6-6所示。双面卡其采用二上二下加强斜纹组织，正反面都有斜向纹路，正面纹路向右倾斜，粗壮饱满，反面纹路向左倾斜，不及正面突出。人字卡其采用变化斜纹组织，斜纹线一半左倾，一半右倾，布面呈现"人"字外观。通常纱卡其采用三上一下左斜纹组织，经纬向均使用单纱，质地柔软，不易折裂。线卡其采用二上二下右斜纹组织，经纬向均使用股线，光滑硬挺，光泽较好，但其折边耐磨损能力差。半线卡其采用三上一下右斜纹组织，经纱使用股线，纬纱使用单纱。卡其可以用作春、秋、冬季外衣、工作服、军服、风衣、雨衣等服装面料。

7. 哔叽

哔叽采用二上二下加强斜纹组织织制，正反面斜纹方向相反，经纬纱细度和密度接近，斜纹倾角约为45°，纹路较平坦且间距较宽，正面比反面清晰。其主要风格特征是质地厚实，结构松软。

按所用纱线的不同，哔叽可分为纱哔叽和线哔叽。纱哔叽采用左斜纹，结构松软，布面稍起毛，质地厚实，多用于妇女、儿童服装和被面等。线哔叽采用右斜纹，质地结实，布面平整光洁，一般用作外衣、裤子等。

8. 华达呢

华达呢亦称轧别丁，属细斜纹棉织物。它的特点是经密比纬密大一倍左右，斜纹倾斜度大于45°。根据经纬向纱线结构不同可分为纱华达呢、半线华达呢和全线华达呢，均采用二上二下右斜纹组织。其主要风格特征是织纹清晰，质地厚实，挺而不硬，布面富有光泽，耐磨损，不易折裂，适用作春、秋、冬季各种制服、工作服、风衣、夹克衫、西裤等面料。

9. 牛仔布

牛仔布是一种较粗厚的色织经面斜纹棉布，经纱颜色深，一般为靛蓝色，纬纱颜色浅，一般为浅灰或煮练后的本白纱，又称靛蓝劳动布。牛仔布经预缩、烧毛、退浆和水洗等整理，缩水率减小，既柔软又挺括，其主要风格特征是织纹清晰，质地紧密，手感厚实，坚牢结实，穿着舒适自然，保形性好，布面风格随意粗犷，如图6-7所示，适用于男女式牛仔上装、牛仔背心、牛仔裤和牛仔裙等。

图6-7　牛仔布

10. 贡缎

贡缎是采用缎纹组织织制的棉织物，布面光洁，富有光泽，质地紧密、细腻，由于浮线较长，耐磨性不良，易擦伤起毛，如图6-8所示。贡缎分为直贡缎和横贡缎两大类。直贡缎采用经面缎纹组织织制，横贡缎采用纬面缎纹组织织制，横贡缎的纱线比直贡缎细，布面比直贡缎光洁，更富丝绸感。直贡缎主要用作衬衫、外衣等，而横贡缎经过耐久性电光整理后不易起毛，一般用于高档时装、衬衫、裙子和童装的面料。

图6-8　贡缎

11. 平绒

平绒是采用起绒组织织制再经割绒整理的棉织物，布面形成短密、平齐、耸立而富有光泽的绒毛，故称平绒，如图6-9所示。其主要风格特征是绒毛丰满平整，质地厚实，光泽柔和，手感柔软，保暖性好，耐磨耐用，富有弹性，不易起皱。平绒以素色和印花为主，适用作妇女春、秋、冬季服装和鞋帽等面料。

图6-9　平绒

12. 灯芯绒

灯芯绒采用一组经纱和两组纬纱交织而成，其中一组纬纱与经纱交织成地布，另一组纬纱与经纱交织形成有规律的较长浮长线，经割绒机割断和刷毛整理，得到呈条状耸立的绒毛，故灯芯绒又称条绒，如图6-10所示。灯芯绒

图6-10　灯芯绒

可织成粗细不同的条绒，其主要风格特征是绒条丰满，外形美观，质地厚实，手感柔软，耐磨性好，保暖性好，可做男女老少各式服装。灯芯绒服装切忌洗涤时用热水烫、用力搓，以免脱绒，也不宜洗涤后熨烫，以免倒绒。

13. 绒布

绒布是由经纱细纬纱粗且捻度小的棉坯布经拉绒处理，在织物表面形成一层蓬松绒毛的棉织物。绒布布面外观色泽柔和，手感松软，保暖性好，吸湿性强，穿着舒适，适于做男女冬季衬衣、裤、儿童服装、衬里等。

绒布品种较多，按绒面情况分有单面绒和双面绒，按织物厚薄可分为厚绒和薄绒，按织物组织分有平布绒、哗叽绒和斜纹绒，按印染加工方法分有漂白绒、杂色绒、印花绒和色织绒。

14. 绉布

绉布又称绉纱，是一种纵向有均匀绉纹的薄型平纹棉织物。经向采用普通棉纱，纬向采用强捻纱，经密大于纬密，织成坯布后经染整加工，使高捻纬纱收缩，布面形成均匀的绉纹效应。其主要风格特征是质地轻薄，绉纹自然持久，富有弹性，手感挺爽、柔软，穿着舒适，如图6-11所示，适用于制作各式衬衫、裙装、睡衣裤、浴衣、儿童衣裤等。

15. 泡泡纱

泡泡纱是一种布面呈现凹凸泡泡状的薄型棉织物。利用化学或者织造工艺，在织物表面形成泡泡。泡泡纱的主要风格特征是外观别致，立体感强，质地轻薄，穿着不贴体，凉爽舒适，洗后不需熨烫，如图6-12所示，适用作妇女、儿童的夏季衫、裙、睡衣裤等。

图6-11 绉布

图6-12 泡泡纱

16. 羽绒布

羽绒布又称防绒布、防羽布，一般采用平纹组织织制，经纬纱均采用精梳细特纱，织物中经纬密均比一般织物高，可防止羽绒纤维外钻。其主要风格特征是结构紧密，平整光洁，手感滑爽，质地坚牢，透气而又防钻绒，适用作登山服、滑雪衣、羽绒服装、夹克衫等服装面料。

二、麻织物

麻织物是指用天然麻纤维纯纺或混纺织成的织物，或以非麻原料织制的具有天然麻织物粗犷风格的织物。麻织物手感较棉织物粗硬，但挺括干爽，强力高，吸湿、透气、导热、抗菌，有自然美感，深受消费者的青睐。麻织物的种类较多，常见的麻织物有苎麻织物、亚麻织物、麻与其他纤维混纺或交织织物。

1. 苎麻织物

苎麻织物是以苎麻纤维为原料制成的麻织物。苎麻织物强力高，刚性大，品质优良，挺爽透气，吸湿散湿快，穿着透凉爽滑，出汗不黏身，如图6-13、图6-14所示，是夏季衣着的理想衣料。

图6-13 苎麻织物　　　　　　　　　　图6-14 茵曼苎麻连衣裙

夏布是中国传统纺织品之一，采用手工绩麻成纱，再用木织机以手工方式织成的苎麻布。主要品种有原色夏布、漂白夏布，也有染色和印花夏布。成品多为土纺土织，故门幅宽窄不一，为36～66cm，匹长为126～315cm。一部分产品纱支细而均匀，布面平整光洁，富有弹性，质地坚牢，色泽较白净，爽滑透凉，适于制作夏季衬衫和裤料。另一部分产品纱支粗细不一，条干不匀，组织稀松，手感粗硬，色泽暗黄，可用作蚊帐和服装衬里等。

2. 亚麻织物

亚麻织物是指采用亚麻纤维为原料织成的麻织物，具有苎麻布的特点，但比苎麻布松软，具有竹节风格，光泽柔和，以平纹组织为主。亚麻织物不易吸附灰尘，吸湿散热性能良好，易洗涤，耐腐蚀，如图6-15所示，主要用作高档内衣、衬衫、春秋外衣面料。

3. 涤麻混纺布

苎麻多与涤纶短纤维进行混纺，混纺比常用65%涤、35%麻或55%涤、45%麻，一般采用平纹和斜纹组织。织物挺括、透气、吸汗、散湿，弹性较好，不易折皱，具有较好的服用性能，用于制作夏季衬衫、外衣、裙、裤等。

4. 麻与黏胶纤维的混纺及交织布

黏胶纤维织物柔滑、飘逸、悬垂性好，但缺少身骨。麻纤维刚硬、挺爽，两者混纺或交织，取长补短，使织物的外观与麻织物相似，但手感柔软，刺痒感少，有一定的悬垂性和挺爽特性，如图6-16所示。经树脂整理，还能提高抗皱能力，提高织物表面光滑性。产品常用作春夏季服装面料，较适合做女装的裙、衫。

图6-15　亚麻织物　　　　　图6-16　亚麻黏胶混纺斜纹布

5.棉麻混纺及交织布

棉麻两种天然纤维的混纺与交织的产品手感滑爽，透气性好，有身骨，布面平整，色泽较纯麻织物鲜艳，如图6-17、图6-18所示。麻纤维含量大于50%的织物，已成为国际市场上畅销的产品之一。棉麻混纺粗平布，风格粗犷、平挺厚实，适于制作外衣、工作服等。棉苎麻及棉亚麻混纺布，具有干爽挺括的风格，且较柔软细薄，适于做春夏衬衫面料。棉麻交织物质地细密，轻薄的宜用于衬衫、衣裙等面料；较厚的宜用于做裤料、外衣及工作服面料。

图6-17　棉亚麻竹节染色布　　　　　图6-18　棉亚麻色织格子布

6.麻丝织物或混纺织物

桑蚕丝为经、苎麻纱为纬的平纹组织以及桑蚕丝与苎麻的混纺织物，织物表面有粗细节，呈现麻织物的风格，又有丝织物的柔滑手感，柔中带刚，改善了织物的折皱弹性，并使织物的弹性及伸长率提高。这类织物服用性能极佳，既吸湿透气，又散湿散热，皮肤无刺痒感，还能对皮肤瘙痒有一定疗效，是高档的服装面料。

7.苎麻与羊毛混纺织物

麻毛混纺一般为轻薄型精纺织物，织物挺括、弹性好、耐折皱，适用于外衣面料。

三、丝织物

丝织物又称丝绸，广义上指以天然长丝、人造丝、合纤长丝为原料织成的各种纯纺、混纺或交织面料。

中国是丝绸的故乡，已经有几千年丝绸生产历史，栽桑、养蚕、缫丝和织绸是中国古代人民的智慧结晶，在世界文明史上谱写了辉煌的篇章。丝绸是中国的瑰宝，曾因其工艺精湛、花纹精细、色彩绚丽、品质高贵成为传播东方文明的使者。举世闻名的"丝绸之路"为中外交流做出了突出贡献，在历史上产生了深远的影响。

丝织物根据其外观与结构特征可分为纺、绉、缎、锦、绡、绢、绒、纱、罗、绫、绸、葛、绨、呢十四大类。

1. 纺类丝织物

纺类丝织物采用桑蚕丝、绢丝及人造丝为原料，以平纹组织织制，经纬纱不加捻或加弱捻。

（1）电力纺。电力纺以平纹组织织制。其风格特征是质地轻薄，平挺滑爽，光泽柔和、穿着舒适，缩水率大约在6%，如图6-19所示。重磅电力纺主要用作夏令衬衫、裙子面料及儿童服装面料；中等电力纺可用作服装里料；轻磅电力纺可用作衬裙、头巾等。

（2）杭纺。杭纺也叫素大绸，主要产于浙江杭州，故得名为杭纺。杭纺以平纹组织织制，其风格特征是绸面光滑平整，手感厚实，质地坚牢耐穿，色泽柔和自然，手感滑爽挺括，穿着舒适凉爽，适宜做男女衬衫、便装和外衣等。

（3）绢丝纺。绢丝纺又称绢纺，是用绢丝织制的平纹纺类丝织物。坯绸经精练成练白绸，也可染成杂色或印花。当用精练染色绢丝色织时，便可织得彩格绢丝纺，又称绢格纺。绢丝纺手感柔软，有温暖感，质地坚韧，富有弹性。主要用作内衣、衬衫、睡衣裤、练功服等。

（4）尼龙纺。尼龙纺又称尼丝纺，为锦纶长丝织制的纺类丝织物。织物平整细密，平挺光滑，手感柔软，轻薄而坚牢耐磨，色泽鲜艳，易洗快干，主要用作男女服装面料。涂层尼龙纺不透风、不透水，且具有防钻绒性，可用作滑雪衫、雨衣、睡袋、登山服的面料，如图6-20所示。

图6-19　电力纺

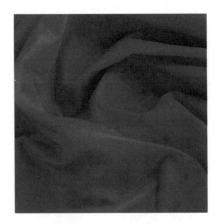

图6-20　尼龙纺

2. 绉类丝织物

绉类丝织物是用桑蚕丝的紧捻纱以平纹组织织成，绸面呈现绉纹的织物。

（1）双绉。双绉是采用平纹组织织制的平经（经丝不加捻）绉纬（纬丝加强捻）织物，纬丝为强捻丝且以S、Z捻向两根相间（2S2Z）与经丝交织而成，故在练染后纬丝的退捻力和方向不同，织物外观呈现细微的绉效应。其主要风格特征是织物质地轻柔，手感滑糯，悬垂性好，富有弹性，穿着舒适，如图6-21所示，主要用作夏季女衣裙、男女衬衫等。双绉织物缩水率比较大，在10%左右。

（2）碧绉。碧绉也是平经绉纹织物。与双绉不同之处是，它采用单向强捻纬丝且以三根捻合为多。织物表面具有均匀的螺旋状粗斜纹闪光绉纹，比双绉厚实，其表面光泽较好，质地柔软，手感滑爽，富有弹性，适于制作男女衬衫、外衣、便服等。

（3）乔其纱。乔其纱又称乔其绉，经纬纱均采用2S2Z强捻丝相间排列，经纬密均较稀疏，并采用平纹组织织成。在漂练过程中即可产生收缩而使绸面具有细微均匀的绉纹和明显的纱孔。乔其纱质地轻薄透明，手感柔爽富有弹性，外观清淡雅洁，透气性和悬垂性良好，穿着飘逸、舒适，主要用作夏季女用裙衣、衬衫、便装及婚礼服等，如图6-22所示。

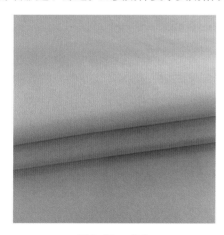

图6-21　双绉

图6-22　乔其纱

3. 绸类丝织物

（1）绵绸。绵绸又称疙瘩绸，是以缫丝及丝织的下脚料、丝屑、茧渣等为原料，经绢纺加工成纱线，多采用平纹组织织成的丝织物。其风格特征是纱条粗细不匀，形成粗糙不平的独特外观，质地厚实坚韧，富有弹性，风格粗犷、自然，主要用作衬衫、裤子和外衣料等。

（2）塔夫绸。塔夫绸是一种高档绸，采用平纹组织和高于一般绸织物的密度织制而成。

其风格特征为质地紧密，绸面细洁光滑、平挺美观，光泽柔和自然，易折皱。品种有素色及印花等，适用于各种女士服装、节日礼服、男便服等服装衣料和服装配件头巾等用料。

4. 缎类丝织物

缎类丝织物是指采用缎纹组织织成的丝织物。缎面光泽明亮，手感光滑、柔软。

（1）素软缎。素软缎是桑蚕丝与黏胶丝的交织物，以八枚缎纹组织织成。缎面经丝浮线较长，排列细密，具有表面平滑光亮、质地柔软、背面呈细斜纹状的风格特点。产品有素色和印花两种，色泽鲜艳，浓郁高雅，可做男女棉衣、便服、戏装、高档里料、绣花坯料等。

（2）花软缎。花软缎以八枚经面缎纹为地组织、纬丝起花织成。原料与素软缎相同，不同的是花软缎的桑丝地组织上，由人造丝提花，花型有大有小，图案以自然花卉居多，轮廓清晰。花软缎织物缎面光泽明亮，花纹轮廓清晰，花型活泼，光彩夺目，主要用作旗袍、晚礼服、棉袄、披风等。

5. 绢类丝织物

绢类丝织物为桑蚕丝和人造丝交织成的平纹织物。

（1）天香绢。天香绢又称双纬花绸，是一种桑蚕丝与黏胶丝交织的半色织提花丝织物。经丝为桑蚕丝，纬丝中一种为染色黏胶丝，另一种为本色黏胶丝。地组织为平纹组织，花纹部分为缎纹组织，常以中型写实或变形花卉为提花纹样，绸面有闪光明亮的缎花。天香绢绸面细洁雅致，织纹层次较丰富，质地紧密，轻薄柔软，主要用作春、秋、冬季妇女服装、婴儿斗篷面料等。

（2）塔夫绢。塔夫绢，是一种以平纹组织织制的熟织高档丝织品。塔夫绸经纬密均较高，经密大于纬密。其风格特征为外观细密平整，光泽晶莹，手感挺爽，丝鸣感强，主要用作妇女春秋服装、节日礼服、羽绒服面料等。

6. 绫类丝织物

绫为斜纹丝织物。

（1）真丝绫。真丝绫又称真丝斜纹绸、桑丝绫，是纯桑蚕丝织成的绫类丝织物。采用二上二下斜纹组织织制。根据织物平方米重量，分为薄型和中型。根据后加工不同，分为染色和印花两种。真丝绫质地柔软光滑，光泽柔和，手感轻盈，花色丰富多彩，穿着凉爽舒适，主要用作夏令衬衫、睡衣、连衣裙面料以及头巾等。

（2）美丽绫。美丽绫又称美丽绸，是纯黏胶丝平经平纬丝织物，采用3/1斜纹或山形斜纹组织织制。织坯经练染，织物纹路细密清晰，手感平挺光滑，色泽鲜艳光亮。美丽绫缩水率大，常用于制作中高档服装的里子。

7. 绡类丝织物

绡类丝织物一般采用平纹组织或假纱（透孔）组织，经纬丝均加强捻，经纬密度小，织成轻薄透明的织物。

（1）真丝绡。真丝绡又称平素绡，是经纬丝采用2.2～2.4tex长丝加单向强捻织造而成的平纹织物，如图6-23所示。真丝绡经、纬密均较稀疏，织物轻薄，绸面透明，手感平挺略带硬性，织物孔眼清晰，主要用作婚礼服、芭蕾舞衣裙、时装及童装等衣料。

图6-23　真丝绡

（2）尼巾绡。尼巾绡又称锦丝绡，是单纤锦纶丝作经纬纱的平纹组织丝织物，经练染成各种鲜艳的色泽。织物质地轻薄透明，平挺细洁，坚牢耐用，但舒适感差，主要用作妇女头巾、围巾、结婚礼服披纱等。

8. 锦类丝织物

三色以上的缎纹丝织物即为锦。

（1）织锦缎。织锦缎是桑蚕丝与黏胶长丝交织的熟织提花绸缎，经面缎上起三色以上的纬花，花纹多为梅、兰、竹、菊，龙凤吉祥，福寿如意等。其主要

图6-24　织锦缎

风格特征是缎面光亮，细致紧密，平挺厚实，纬花丰富，花纹清晰，色彩绚丽，如图6-24所示，是丝织物中的高档品种，适用于制作高级礼服、旗袍、袄面等。

（2）古香缎。古香缎是桑蚕丝与黏胶长丝交织的熟织提花绸缎，外观与织锦缎相似，密度小于织锦缎，质地稍松软，纬花的丰满感、细致感和色彩层次略逊于织锦缎。图案多为民族风格的山水风景、亭台楼阁、小桥流水等自然景物及花卉古香，适用于制作高级礼服、旗袍、袄面等。

（3）宋锦。宋锦是中国传统的丝制工艺品之一。因其主要产地在苏州，故又称"苏州宋锦"。宋锦以经线和纬线同时显花为主要特征，色泽华丽，图案精致，质地坚柔，被赋予中国"锦绣之冠"之称。

（4）云锦。云锦是中国传统的丝制工艺品，其用料考究，织造精细、图案精美、锦纹绚丽、格调高雅，被誉为"锦中之冠"，代表了中国丝织工艺的最高成就，浓缩了中国丝织技艺的精华，是中国丝绸文化的璀璨结晶。

9. 绒类丝织物

绒类丝织物属桑蚕丝和人造丝交织的起毛织物。表面绒毛密立，质地厚实，富有弹性。

（1）乔其绒。乔其绒是以经起毛组织织成交织绒坯，割绒后形成密集耸立的绒毛覆盖布面。其主要风格特征是质地厚实，绒毛密立且呈顺向倾斜，绒面平整，光彩夺目，有富贵华丽之感，悬垂性好，穿着舒适合体，主要用作妇女晚礼服等各式服装、围巾及妇女、儿童帽子的面料等。

（2）金丝绒。金丝绒是一种高档丝织物，其风格特征是表面密立较长绒毛且呈顺向倾斜，光泽较好，质地坚牢，但绒面不太平整，主要用作妇女衣、裙及服饰镶边等。

10. 纱类丝织物

纱是一种全部或部分采用绞纱组织，在地纹花纹的局部或全部形成孔眼的丝织物。其风格特征是质地轻薄、透明，孔眼清晰、稳定，表面有细微的绉纹，透气性好，适用于夏季服装、窗帘、刺绣或其他装饰品材料等。

11. 罗类丝织物

罗是全部或部分采用罗组织的丝织物，外观具有直条或横条形纱孔。罗类织物结构紧密，有清晰孔眼，挺括，凉爽透气，多用于夏季服装、刺绣坯布等。杭罗是罗类织物的典型品种。

12. 呢类丝织物

呢是采用基本组织和变化组织织制而成的丝织物，是一种粗犷的丝织物，其经纬丝较粗，手感柔软厚实，富有弹性，光泽柔和，质地丰厚似呢。

13. 绨类丝织物

绨是用有光黏胶长丝作经、棉纱或蜡纱作纬，以平纹组织交织的丝织物。其质地粗厚缜密，织纹简洁清晰，结实耐用，适合制作秋冬季服装面料或被面等。

14. 葛类丝织物

葛是用平纹或斜纹等变化组织织制的丝织物。质地比较厚实，并有明显的横棱纹，织物经细纬粗，经密纬疏。经丝多用桑蚕丝或人造丝，纬丝多用棉纱、人造丝及混纺纱。分素织和提花两类，提花葛是在横棱纹地组织上起经缎花，花型突出，别具风格，一般用于春秋服装或冬季棉袄面料。

四、毛织物

毛织物是指以羊毛、兔毛等各种动物毛及毛型化纤为主要原料制成的织品，包括纯纺、混纺和交织品，俗称呢绒。

（一）精纺毛织物

精纺毛织物采用精梳毛纱织制，所用原料纤维较长而细，梳理平直，纱线结构紧密，排列整齐，织物表面光洁，织纹清晰，手感柔软，富有弹性，平整挺括，坚牢耐穿，不易变形，主要用于职业装、正规西服、时装等。品种有华达呢、哔叽、啥味呢、凡立丁、派力司、女衣呢、贡呢、马裤呢等。

1. 凡立丁

凡立丁是采用平纹组织织成的轻薄毛织物，如图6-25所示。凡立丁经纬纱均采用单色股线，纱支较细、捻度较大，经纬密度在精纺毛织物中最小。凡立丁轻薄挺爽、富有弹性、呢面光洁、织纹清晰、光泽自然柔和、不板不皱，多为素色，适宜制作夏季的男女上衣和春秋季的西裤、裙装等。

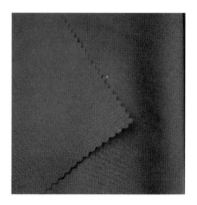

图6-25 凡立丁

2. 派力司

派力司是采用平纹组织织成的双经双纬或双经单纬混色轻薄毛织物，外观呈夹花细条纹。派力司的纱线捻度比凡立丁小，故较轻薄柔软，表面有雨丝花纹，质地轻薄、手感滑爽、织纹清晰，如图6-26所示，适合制作夏季西裤、套装。

3. 华达呢

华达呢为精纺毛织物的主要产品，属中厚型斜纹织物，因经密远大于纬密，呢面呈63°斜纹纹路，纹路间距较窄，斜纹线陡而平直，手感滑糯而厚实，质地紧密且富有弹性，耐磨性好，呢面光洁平整，光泽自

图6-26 派力司

图6-27　华达呢

然柔和，如图6-27所示，常用作西服套装、制服等衣料。

华达呢按组织结构可分为单面华达呢、双面华达呢和缎背华达呢。单面华达呢正面斜纹纹路清晰，反面纹路模糊，织物质地滑糯柔软，悬垂性较好，是大众化的西装、套装面料。双面华达呢正反两面均有明显的斜纹纹路，织物质地厚实，挺括感强，适用于制作春秋西服套装等。缎背华达呢正面纹路清晰，反面呈缎纹效应，织物质地厚重，挺括保暖，但易起毛起球，适合做大衣面料。

4. 哔叽

哔叽属于斜纹素色精纺毛织物，采用二上二下斜纹组织织成，织物的经纬密接近，纱支较细，织品呈现45°左右斜纹纹路，纹路较宽，表面平坦。呢面有光面和毛面两种。光面哔叽纹路清晰，光洁平整；毛面哔叽纹路仍明显可见，有短小绒毛。哔叽呢面细洁，手感柔软，有身骨，有弹性，质地坚牢，如图6-28所示，适用于做春秋季男装、夹克和女装的裤子、裙子等。

图6-28　哔叽

5. 啥味呢

啥味呢属精纺毛织物风格产品之一，采用混色毛条纺成的精梳毛纱作经纬纱，以二上二下斜纹组织织成，经纬纱密度之比约为1.1∶1.5，外观呈现50°左右的右斜纹，如图6-29所示。啥味呢属混色织物，色泽以灰色、咖啡色等混色为主。啥味呢呢面有光面和绒面两种，光面啥味呢呢面无绒毛，纹路清晰，光洁平整，手感滑而挺括；绒面啥味呢光泽自然柔和，底纹隐约可见，手感不板不糙、糯而不烂，有身骨。啥味呢适宜制作春秋男女西服、中山装及夹克衫等服装。

图6-29　啥味呢

6. 花呢

花呢是利用各种精梳染色纱线、花式捻线、装饰纱线作经纬纱，采用平纹、斜纹和变化组织等织成条、格以及各种花型的织物，如图6-30～图6-32所示，板司花呢、人字呢（海力蒙）、格子呢属精纺毛织物中品种变化最多的面料，适合制作套装、男女上衣、时装等。

图6-30 板司呢花呢　　　　图6-31 人字呢（海力蒙）　　　　图6-32 格子呢

7. 女衣呢

女衣呢是典型的女装用面料，采用精梳单纱或股线织成的平纹、斜纹及其变化组织、提花组织织物，具有质地细洁松软、轻薄、富有弹性，外观花纹清晰、色泽艳丽高雅、品种丰富、适应性强等特点，适用于做女上衣、套装和时装等。

8. 直贡呢

直贡呢又称礼服呢，是精纺毛织物中历史悠久的传统高级产品。直贡呢多采用缎纹组织、变化缎纹、急斜纹组织织制，表面呈现75°斜纹纹路，呢面光滑，质地厚实，细洁平整，光泽明亮，色泽以原色为主，也有藏青色、灰色等，主要用于制作高级春秋大衣、风衣、礼服、便装、民族服装等。

9. 马裤呢

马裤呢是精纺毛织物中最重的品种，属传统的高级衣料，因其过去常用作骑马狩猎的裤料，故称"马裤呢"。马裤呢采用急斜纹组织，配以较粗的纱线，正面斜纹粗壮，反面纹路扁平，质地厚实，呢面光洁，手感挺实而有弹性，素色以军绿、蓝灰为主，混色多为米灰、咖啡等色，常用作高级军用大衣、军装、猎装及男女秋冬外衣等用料。

（二）粗纺毛织物

粗纺毛织物采用普梳毛纱织制，织品一般经过缩绒和起毛整理，故呢身柔软而厚实，质地紧密，呢面丰满，表面有绒毛覆盖，不露或半露底纹，保暖性好，适宜做秋冬装。品种有麦尔登、海军呢、制服呢、法兰绒和大衣呢等。

1. 麦尔登

麦尔登是粗纺毛织物中的主要品种之一。典型的麦尔登是重缩绒、不起毛、质地紧密的高档织物，其特点是呢面平整细洁，质地紧密，呢面丰满，不露底纹，耐磨性好，不起球，手感挺实而富有弹性。

麦尔登按原料不同可分为纯毛麦尔登和混纺麦尔登。织物组织一般为平纹、斜纹、破斜纹组织。其染色方法有毛染和匹染两种，颜色以藏青、黑色等深色为主，适于制作男女冬季各式服装、春秋短外衣等高档服装，如图6-33、图6-34所示。

图6-33 麦尔登1　　　　　　　　图6-34 麦尔登2

2. 海军呢

海军呢采用斜纹组织织成，有全毛与毛混纺产品，毛混纺产品的原料含毛70%～75%，化纤25%～30%。海军呢经重缩绒加工，具有质地紧密，呢面平整，手感挺立，有弹性，不露底，耐磨性好及色光鲜艳等特点。因其多染成海军蓝、军绿及深灰色，故主要用于海军制服、海关服、秋冬季各类外衣等。

3. 制服呢

制服呢属呢面产品，采用斜纹组织织制混纺产品居多，原料含毛70%～75%、化纤25%～30%。制服呢经轻缩绒、轻起毛加工，质地紧密、厚实、耐穿，丰满程度一般，基本不露底纹，手感不糙硬，有一定的保暖性，色泽以蓝、黑素色为主，价格较低，是秋冬中低档制服的适用面料。

4. 大衣呢

大衣呢是厚重型粗纺毛织物，质地厚实，保暖性强，主要有平厚大衣呢、立绒大衣呢、顺毛大衣呢和拷花大衣呢等品种。

平厚大衣呢采用斜纹或纬二重组织，经洗呢、缩绒、拉毛等工艺整理而成，呢面有致密的绒面，不露底纹，手感厚实，不板硬，不易起球，如图6-35所示，主要用作各式男女长短大衣、套装等面料。

立绒大衣呢采用弹性较好的羊毛，以变化斜纹或五枚纬面缎纹组织织制，经洗呢、缩绒、重起毛、剪毛等工艺，呢面上有一层耸立的浓密绒毛，绒毛密、立、平、齐，绒面丰满，手感柔软丰厚，有身骨，有弹性，耐磨，不易起球，如图6-36所示，主要用作长短大衣、套装、童装等面料。

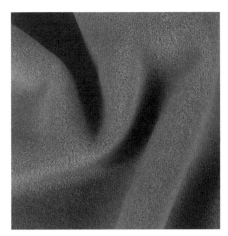

图6-35　平厚大衣呢　　　　　　　　图6-36　立绒大衣呢

顺毛大衣呢采用斜纹和纬面缎纹组织，经洗呢、缩绒、拉毛、剪毛等工艺制成，绒毛顺密、整齐、均匀，毛绒均匀倒伏，不松乱，光泽好，膘光足，手感柔软温暖，不脱毛，具有较好的穿着舒适性，如图6-37所示，适于用作长短大衣、时装及外套等。

拷花大衣呢常为纯毛产品，采用纬二重组织或双层组织，经反复整理，呢面毛绒丰满，呈人字形或波浪形凹凸花纹，手感厚实富有弹性，如图6-38所示，立绒拷花大衣呢比顺毛拷花大衣呢的绒毛短而密立，保暖性更强，花纹更为清晰均匀，主要用于冬季男女大衣的高档面料。

图6-37 顺毛大衣呢

图6-38 拷花大衣呢

5. 粗花呢

粗花呢是粗纺毛织物中花色品种最多的一类，常用两种或以上色纱合股织成平纹、斜纹或各种变化组织织物，具有花纹丰富（混色、夹花、显点等）、质地粗厚、结实耐用、保暖性好等特点，如图6-39所示，适宜制作套装、短大衣、西装、上衣等。

6. 法兰绒

法兰绒是粗纺毛织物传统品种之一，为细支羊毛织成的毛染混色产品。法兰绒采用平纹或斜纹组织织制，经缩绒、拉毛整理，织物表面有轻微绒毛覆盖，不露或半露底纹，绒面细腻，混色均匀，手感柔软而富有弹性，如图6-40所示，主要用作春秋季各式男女服装面料。

图6-39 粗花呢

图6-40 法兰绒

7. 学生呢

学生呢又称大众呢，是经缩呢、起毛工艺的呢面织物，以毛黏混纺产品为主，精梳短毛及下脚毛可高达35%～60%，并可掺入5%左右的锦纶，采用斜纹、破斜纹组织织造，颜色以藏青、墨绿、深红为主。其风格特征为呢面平整、均匀，基本不露底，质地紧密，手感挺实而有弹性，且具有一定保暖性，适于用作秋冬季学生校服、各种职业服、便服等中低档服装面料。

第二节
针织面料

一、纬编针织面料主要品种

1. 汗布

汗布是以纬平针组织织制，质地轻薄，布面光洁细密，纹路清晰，正反两面具有不同的外观，正面呈现由圈柱组成的纵向条纹，反面呈现由圈弧组成的横向条纹。纵、横向具有较好的延伸性，且横向比纵向延伸性大，吸湿、透气性较好，有脱散和卷边现象，有时还会产生线圈歪斜现象。常见的汗布有漂白汗布、特白汗布、烧毛汗布、丝光汗布；根据染整后处理工艺不同，有素色汗布、印花汗布、海军条汗布；根据所用原料不同，有纯棉汗布、真丝汗布、腈纶汗布、涤纶汗布、苎麻汗布等，如图6-41、图6-42所示。

图6-41　纯棉汗布

2. 罗纹布

罗纹布是以罗纹组织织制而成的针织物，织物正反两面均有清晰的直条纹，根据正反面线圈纵行的组合不同而形成各种宽窄不同的纵向凹凸条纹外观。该面料具

图6-42　涤纶色织汗布

有良好的弹性，特别是横向拉伸时具有较大的弹性和延伸性，无卷边现象，逆编织方向脱散，如图6-43所示，常用于服装的领口、袖口和下摆，内衣等。

3.双反面针织面料

双反面针织面料是在面料表面配置正反面线圈横列，形成正面线圈横列下凹，反面线圈横列凸起的凹凸针织面料。双反面织物较厚实，无卷边现象，有顺、逆编织方向脱散的可能，主要用于婴儿服、童装、手套、袜子、羊毛衫等。

4.棉毛布

棉毛布，泛指双罗纹组织面料。织物表面平整，不卷边，脱散性小，正反面外观相同，纵向凹凸纹路清晰。织物弹性和横向延伸性较好，保暖厚实，结实耐穿。用棉、人造棉、大豆纤维、彩棉、莫代尔、竹纤维等原料制成的棉毛布，由于亲肤性较好，保暖透气，常被用作春、秋、冬三季内衣、棉毛衫裤、运动衣及外衣面料。

5.毛圈布

毛圈布是指织物的一面或两面有环状纱圈覆盖的针织物。其特点是手感松软，质地厚实，有良好的吸水性和保暖性。毛圈布可分为单面毛圈、双面毛圈和提花毛圈布等，可用于制作浴衣、睡衣、T恤衫等，如图6-44所示。

6.涤盖棉面料

涤盖棉面料是由两种原料交织而成的针织物，正面是化学纤维，反面是天然纤维。织物通常以涤纶纤维为正面，棉纤维为反面，因而外观挺括、抗皱、耐磨、坚牢、色牢度好，而内层柔软、吸湿、透气、静电小，集涤纶针织物和棉针织物优点于一体，适合制作衬衣、运动服、健美裤等。

7.起绒针织布

表面覆盖有一层稠密短细绒毛的针织物称为起绒针织布，有单面绒和双面绒两种。起绒针织布有一定的弹性和延伸性，手感柔软，质地丰厚，绒面蓬松，轻便保

图6-43　罗纹布

图6-44　毛圈布

暖，舒适感强，适合制作妇女和儿童的内衣、运动衫裤、冬季绒衫裤等，主要品种有天鹅绒、珊瑚绒、摇粒绒等。

8. 珠地网眼布

珠地网眼布是利用线圈与集圈悬弧交错配置，形成的多种珠地组织织物。在罗纹的基础上编织集圈和浮线，形成菱形凹凸状四角网眼、六角网眼效应，又称珠地织物，有单面珠地和双面珠地之分。由于面料有排列均匀整齐的凹凸效果，和皮肤接触的面在透气和散热、排汗的舒适度上优于普通的汗布，一般常用作T恤、运动服面料等，如图6-45所示。

图6-45 珠地网眼布

二、经编针织面料主要品种

1. 经编网眼织物

经编网眼织物是在经编织物结构中产生一定有规律网眼的针织物。其孔眼形状多，变化范围大，有方形、圆形、菱形、六角形、矩形、波纹形等。该织物结构较稀松，孔眼分布均匀，有一定的延伸性和弹性，透气性好，主要用于男女外衣、运动服、女式装饰外衣、蚊帐、窗帘等。

2. 经编弹力织物

经编弹力织物是指有较大伸缩性的经编针织物，编织时加进弹力纱并使其保持一定的弹力和合理的伸长度，目前广泛使用氨纶弹力纱和氨纶弹力包芯纱织制。该织物质地轻薄光滑，用其缝制服装可进一步显示形体曲线，使运动舒展轻巧，所以常用于游泳衣、体操服、滑雪服和其他紧身衣。用不同线密度的氨纶弹力纱编织的经编弹力织物还可以制作军用带、医用卫生带和体育护身用品等。

3. 经编丝绒织物

经编丝绒织物一般采用经编机编织，由底布和绒纱构成双层织物，通过割绒形成单层丝绒。底部用丝要求粗细合适，各种合成纤维、黏胶纤维均可，绒纱可用各种合纤丝、醋酯丝、黏胶丝等。按绒面区分可分为平绒、横条绒、直条绒和色织绒，且各种绒面可在同一块织物上交错运用，形成复杂美丽的绒面效应经编丝绒织物，常用于服装、汽车、沙发等包装和装饰用品中。

4. 花边织物

花边织物是由衬纬纱线在地组织上形成较大衬纬花纹的针织物。花边织物的底组织多为六角网眼结构和矩形网眼结构，织物质地轻薄，手感柔软，富有弹性，挺括、悬垂性好，装饰感强，主要用于内衣裤、外衣、礼服、童装的装饰料。

5. 经编提花织物

经编提花织物是指经编提花组织编织的织物。该织物布面结构稳定，外观挺括，坯布表面凹凸效应显著，立体感强，花型多变，外形美观，悬垂性能好，主要用作妇女外衣、内衣、裙料及各种装饰用品。

第三节
毛皮与皮革

毛皮和皮革应用于服装的制作有着悠久的历史，现已成为人们喜爱的流行服装与服饰材料之一。

一、天然毛皮

天然毛皮是指经鞣制加工后的动物毛皮，又称"裘皮"或"皮草"，是冬季理想的保暖服装材料，既可作面料，又可充当里料和絮料。

（一）天然毛皮的构造

天然毛皮是由毛被和皮板组成的。毛被由针毛、绒毛和粗毛构成。针毛数量少，较长，呈针状，富有光泽，有较好的弹性，影响毛皮的外观毛色和光泽。绒毛数量多，短而细密，呈卷曲状，主要起保暖作用，且绒毛的密度和厚度越大，毛皮的防寒性能越好。粗毛数量和长度介于针毛和绒毛之间，下半段像绒毛，上半段像针毛，与针毛一起表现毛皮外观毛色和光泽，同时具有防水性和保护绒毛的作用。

皮板由表皮层、真皮层和皮下层组成的。表皮层很薄，仅占皮板厚度的0.5%～3%，其牢度很低，在皮革加工中被除去。真皮层是皮板的主要部分，也是鞣制成皮革的部分，占全皮厚度的90%～95%，决定了毛皮的结实、强韧程度和弹性。皮下层主要成分是脂肪，制革时需除去，以防止脂肪分解对毛皮产生损害。

（二）天然毛皮的性能和特征

1. 优良的服用性能

由于动物毛被的纤维之间有大量的静止空气，使毛皮具有很好的保暖性；动物毛鳞片层及其表面的油脂，使动物毛具有天然的防水防污能力。

2. 端庄高贵的风格特征

天然毛皮具有柔软的触感和高贵的光泽感，颜色、花纹自然天成，视觉效果优雅，着装显得豪华大气。

3. 保形性优良

天然毛皮的组织结构使皮料具有很好的弹性，穿着不易变形，不易起皱，款式结构稳定。

4. 毛皮的缺点

天然毛皮的耐热性不强，毛被具有成毡性，且容易产生霉变和虫蛀，不易打理和保管，需要专业维护。

（三）天然毛皮的种类

毛皮的分类方法很多，服装行业通常是按照毛被的尺寸、毛的外观、皮板的厚薄、毛皮的加工工艺及毛皮的使用价值分类，可分为小毛细皮、大毛细皮、粗毛皮和杂毛皮。

1. 小毛细皮

小毛细皮的针毛稠密，直且较细短，毛绒丰足、平齐，色泽光润，弹性好，张幅较小，皮板薄韧，毛皮价值较高，主要适于制作美观、轻便的高档裘皮大衣、皮领、披肩和围脖等。

小毛细皮主要品种有紫貂皮、水貂皮、扫雪皮、黄鼬皮、水獭皮、灰鼠皮、麝鼠皮、旱獭皮等。因其中的动物被列入国家动物保护范围，故不宜作为服装材料。

2. 大毛细皮

大毛细皮一般针毛长、直且较粗、稠密，弹性较强，光泽较好，绒毛长而丰足，张幅大，色泽鲜艳，板质轻韧，这种皮毛也有很好的制裘价值。大毛细皮主要包括狐狸皮、貉子皮、猞猁皮等，但因其中的动物被列入国家动物保护范围，故不宜作为服装材料。

3. 粗毛皮

粗毛皮一般是指毛长、皮张较大的中档毛皮，产量较大，用途广泛，包括羊、狗等动物毛皮。

（1）羊皮。

绵羊皮：其毛被的特点是毛多呈弯曲状，粗毛退化后成绒毛，光泽柔和，皮板厚薄均匀、不板结，属中档毛皮，主要用来做帽、坎肩、衣里、褥垫等。

山羊皮：其毛被的特点是半弯半直，皮板张幅大，柔软坚韧，针毛粗长，绒毛稠密。

羔羊皮：毛被花弯，绺絮多样，如图6-46所示。如滩羔皮毛绺多弯，呈萝卜丝状，色泽光润，皮板绵软；湖羊羔皮毛细而短，毛呈波浪形，卷曲清晰，光泽如丝，毛根无绒，皮板轻软；陕北羔皮毛被卷曲，光泽鲜明，皮板结实耐用；青种羊羔皮又称草上霜，被无针毛，整体是绒毛，毛长9~15mm，左右卷成螺旋状圆圈，每簇毛中心形成微小侧孔隙，绒毛碧翠，绒尖洁白，如青草上覆上一层霜，是一种奇异而珍贵的毛皮。

（2）狗毛皮。狗毛皮特点是针毛峰尖长，毛厚板韧，皮张前宽后窄，颜色甚多，一般用在被褥、大衣、帽子上。

4. 杂毛皮

杂毛皮是指皮质较差的中低档毛皮，主要有兔皮、猫皮等，可用于衣、帽及儿童大衣等。

（1）兔皮。兔皮属低档毛皮，皮板薄且柔软，毛绒丰厚，色泽光润，针毛脆，耐用性差，染色性极佳，可以进行各种剪毛、印花等工艺处理，形成多种外观层次效果，价格比较便宜，主要用于制作各种皮衣、皮帽、皮领、披肩以及其他服饰品，如图6-47所示。

（2）猫皮。猫皮毛被平顺灵活、皮板轻软，细韧油润，鞣制后可制作反穿大衣、帽、领、披肩及服饰镶边等。

图6-46 FENDI黑色羔羊皮草外套

（四）天然毛皮的质量评价

毛皮的质量优劣，取决于原料皮的天然性质和加工方法，其质量可从以下几个方面来评价。

1. 毛被的疏密度

毛皮的御寒能力、耐磨性和外观质量都取决于毛被的疏密度，即毛皮单位面积上毛的数量和毛的细度，毛密绒足的毛皮价值高而名贵。不同的产皮季节，毛皮的质量也有所不同，一般都是冬季产的毛皮质量好，峰尖柔、底绒足、皮板壮；对同一动物而言，毛被的不同部位质量也有差异，质量最好的是耐寒的脊背和两肋处的毛。

2. 毛被的颜色和色调

图6-47 娜尔思兔毛皮草外套

毛被的颜色和色调决定了毛皮的价值。由于毛皮的色调、花纹与其价值紧密相连，因此常将低档皮（如家兔皮、狗皮）进行染色和整理，模仿高档的水貂皮和豹皮等。

3. 毛被的长度

毛被的长度是指毛的平均伸直长度，它决定了毛皮的保暖性和毛被的高度，毛长绒足的毛皮御寒效果最好。通常对优良产品评价有毛长且厚密、底绒丰足、细柔、灵活，针毛绒毛俱佳等。

4. 毛被的光泽

毛被的光泽取决于毛的鳞片层的构造、针毛的质量以及皮脂腺分泌物的油润程度。一般栖息在水中的毛皮兽毛绒细密，光泽油润；栖息在山中的毛皮兽毛厚、针亮、板壮；混养家畜的毛皮则受污含杂较多，毛显粗糙，光泽较差。

5. 毛被的弹性

毛被的弹性由原料皮毛被和加工方法所决定，弹性直接影响毛被外观，弹性好的毛被，经挤压或折叠后，展开后不留压折痕。一般来说，有髓毛的弹性比无髓毛的大，秋季毛的弹性比春季毛大。

6. 毛被的柔软度

毛被的柔软度取决于毛的长度、细度，以及有髓毛与无髓毛的数量之比。

服装用的毛皮以柔软为佳。柔软度用手和皮肤触摸毛被来评定。柔软度分为四等：很柔软、柔软、半柔软、粗硬。

7. 毛被的成毡性

毛被的成毡现象是毛在外力作用下散乱地纠缠的结果。毛细而长，天然卷曲强的毛被成毡性强。在加工中注意毛皮的保养，防止或减少成毡性，对于提高毛皮的质量是有益的。

8. 皮板的厚度

皮板的厚度决定着毛皮的强度、御寒能力和重量，皮板的厚度依毛皮动物的种类而异。

皮板的厚度随动物年龄的增加而增加。雄性动物皮常比雌性动物皮厚，各类动物毛皮的脊背部和臀部最厚，而两肋和颈部较薄，腋部最薄。皮板厚的毛皮强度高，重量大，御寒能力强。

9. 毛被和皮板结合的强度

毛被和皮板结合的强度由皮板强度、毛与板的结合牢度、毛的断裂强度所决定。

皮板的强度取决于皮板厚度、胶原纤维的组织特性和紧密性、脂肪层和乳头层的厚薄等因素。用绵羊皮和山羊皮来比较，绵羊皮毛被稠密，表皮薄，胶原纤维束细，组织不紧密，主要呈平行和波浪形组织，而其乳头层又相当厚，占皮厚的40%~70%，其中毛囊、汗腺、脂肪细胞等相当多，它们的存在造成了乳头层松软以至和网状层分离，所以绵羊皮板的抗张强度较低。而山羊皮板的乳头层夹杂物少，松软性小，网状层的组织比绵羊皮紧密，纤维束粗壮结实，因而皮板强度高。在毛皮的生产加工过程中，由于处理不当还容易造成毛皮成品的种种缺陷，影响毛皮的外观、性能及使用，使毛皮质量下降。在挑选毛皮和鉴定质量时应注意：毛皮是否掉毛、钩毛、毛被枯燥、发黏、皮板僵硬、贴板、糟板、缩板、反盐、裂面等。

二、人造毛皮

人造毛皮是指外观类似动物毛皮的长毛绒型织物，在织物表面形成长短不一的绒毛，具有接近天然毛皮的外观和服用性能。绒毛分两层，外层是光亮粗直的长毛，里层是细密柔软的短绒。人造毛皮常用于制作大衣、服装衬里、帽子、衣领、玩具、褥垫、室内装饰物和地毯等。

（一）服用性能

多数人造毛皮是以腈纶作为毛绒，棉或黏胶纤维等机织物或针织物作为地组织，优点是质地轻巧，光滑柔软，保暖，仿真皮性强，色彩丰富，结实耐穿，不霉不蛀，易保管，价格低廉；缺点是防风性差，易产生静电，表面易沾污，绒毛易脱落，经洗涤后仿真效果逐渐变差。

（二）分类

人造毛皮的生产方法很多，主要有针织人造毛皮、机织人造毛皮和人造卷毛皮。

1. 针织人造毛皮

针织人造毛皮是指在针织毛皮机上采用长毛绒组织织成，以腈纶、氯纶或黏胶纤维为毛纱，涤纶、锦纶或棉纱为地纱，毛纱纤维的一部分同地纱编织成圈，而纤维端头突出在针织物表面形成毛绒。由于纤维留在针织物表面的长短不一，可形成类似于针毛与绒毛的层次结构。其外观类似于天然毛皮，且保暖性、透气性和弹性均较好，花色繁多，主要用于制作大衣、衣里、衣领、冬帽、绒毛玩具，也可作室内装饰和工业用。

2. 机织人造毛皮

机织人造毛皮采用双层结构的经起毛组织，由两个系统的经纱同一个系统的纬纱交织而成。地经纱分成上、下两部分，分别形成上、下两层经纱梭口，纬纱依次与上下层经纱进行交织，形成两层地布，而毛经纱位于两层地布中间，与上、下层纬纱同时交织，两层地布间隔的距离恰好是两层起毛织物绒毛高度之和，其地布一般是用毛纱或棉纱作经纬纱，毛绒采用羊毛或腈纶、氯纶、黏胶等纤维纺的低捻纱，在长毛绒织机上织成的。这种组织织物下机后经割绒工序将连接上下两层的毛经纱割断，从而形成两幅人造毛皮。

机织人造毛皮可用花色毛经配色织出花色外观，也可以在毛面印花，达到仿真的效果，其绒毛固结牢固，毛绒整齐、弹性好，保暖与透气性可与天然毛皮相仿，但生产流程长，不如针织人造毛皮品种更新快，适宜制作冬季妇女大衣、冬帽和衣领等。

3. 人造卷毛皮

人造卷毛皮是采用胶粘法，在各种机织、针织或无纺织物的底布上粘满仿羔皮的卷毛带，从而形成天然毛皮外观特征的毛被，其表面有类似天然的花绺花弯，柔软轻便，保暖性和排湿透气性好，不易腐蚀，易洗易干，适宜制作妇女上衣、冬帽和衣领等。

（三）真假毛皮的辨别

天然毛皮和人造毛皮的构造、颜色和花纹都不相同，具体鉴别方法如下：

（1）揪一根毛用火点燃，天然毛皮会立即炭化成黑色灰烬，并有一股烧毛发气味；而人造毛皮会立即熔化，并有烧塑料的味道。

（2）拨开毛，观察毛与皮的连接部。人造毛皮有明显的经纬纱或布基形状，天然毛皮则是每一个毛囊有3~4根毛均匀地分布在皮板上。用手提拉毛被，人造毛皮可以从皮板上稍稍拉起，而天然毛皮拉不动。

（3）对光验毛，人造毛皮一般毛被整齐，光泽较粗糙；而天然毛皮毛被各种毛的长度不等，整张皮不同部位色差、长度、密度和手感均有区别。

三、天然皮革

天然皮革是去除动物毛被并经鞣制等物理、化学加工所得到的已经变性不易腐烂的动物皮。天然皮革经过染整处理后可得到各种外观，主要用作服装与服饰面料。

（一）天然皮革的服用性能

（1）天然皮革具有优良的舒适性。天然皮革由非常细微的蛋白质纤维构成，其手感温和柔软，具有透气、吸湿性良好的特点。

（2）天然皮革具有较好的力学性能。皮革的抗张强度、撕裂强度、折裂强度和缝裂强度等都比较高，耐穿耐用。

（3）天然皮革具有独特的外观，不同皮革具有不同粒面和光泽。

（4）天然皮革具有良好的造型性，具有天然的弹性和塑形性，挺括而不松散。

（5）天然皮革耐热性较差，易吸水且颜色变深，染色牢度不高，容易褪色。

（二）天然皮革的分类

1. 按动物品种分类

天然皮革主要有猪皮革、牛皮革、羊皮革、马皮革和麂皮革等，另有少量的鱼皮革、爬行类动物皮革、两栖类动物皮革等。

2. 按皮革的外观分类

按皮革外观分类，可分为粒面革、光面革、绒面革和修面革。

粒面革品质最好，因为它是由伤残较少的上等原料皮加工而成，革面能展现出动物皮自然的花纹美。它不仅耐磨，而且具有良好的透气性。一般猪皮、牛皮和羊皮等都可做成粒面革。

光面革是指在皮革上面喷涂一层有色树脂并打光或抛光，掩盖皮革表面纹路或伤痕，制成表面平坦、无毛孔而光泽极佳的皮革。光面革强度高、耐脏、耐磨且有良好的透气性，具有光亮耀眼、高贵华丽的风格，多用于时装和皮具。

绒面革是指表面呈绒状的皮革，它是利用皮革正面经磨革制成的，称为正绒，同理，利用皮革反面经磨革制成的称为反绒，利用二层革磨革制成的称为二层绒面。绒面革由于没有涂饰层，其透气性能较好，外观独特，穿着舒适，但其防水性和保养性变差，绒面革易脏且不易清洗和保养。

修面革是指皮革经过较多的加工工序将粒面表面部分磨去，用以掩饰原有的瑕疵，然后通过不同的修饰方法，如磨砂、打磨、压花和涂层等，常见的有轧花革、漆皮革和激光革等。

（三）天然皮革常见品种及特征

1. 牛皮革

牛皮革包括黄牛革、水牛革和小牛革。牛皮革的结构特点是真皮组织中的纤维束相互垂直交错或略倾斜，呈网状交错，坚实致密，因而强度较大，耐磨耐折。

黄牛革表面的毛孔呈圆形，较直地伸入革内，毛孔紧密而均匀，排列不规则，粒面毛孔细密、分散、均匀，表面平整光滑，磨光后亮度较高，且透气性良好，是优良的服装材料。

水牛革表面的毛孔比黄牛革粗大，毛孔数较黄牛革稀少，革质较松弛，不如黄牛革细致丰满。常用于袋料、运动上衣、鞋类及皮包类等。

小牛革的组织结构具有更细致的纤维编织与组成，粒面细致，柔软，轻薄，是制作服装的好材料。

2. 猪皮革

猪皮的结构特点是真皮组织比较粗糙，且又不规则，毛根深且穿过皮层到脂肪层，因而皮革毛孔有空隙，透气性优于牛皮，但皮质粗糙、弹性欠佳。粒面凹凸不平，毛孔粗大而深，明显的三点组成一小撮是猪皮革独有的风格。一般用于制鞋业，通过印花、磨砂等后加工也用在服装上。

3. 羊皮革

羊皮革的原料皮可分为山羊皮革和绵羊皮革。

山羊皮革皮身较薄，真皮层的纤维皮质较细，在表面上平行排列较多，组织较紧密，所以表面有较强的光泽，透气好且柔韧坚牢。粒面毛孔呈扁圆形斜伸入革内，粗纹向上凸，几个毛孔一组，呈鱼鳞状排列，常用于做冬天皮革服装。

绵羊皮革表皮薄，革内纤维束交织紧密，成品革手感滑润，延伸性和弹性较好，但强度稍差，广泛用于服装、鞋、帽、手套、背包等，如图6-48所示。

图6-48 La Koradior绵羊皮外套

四、人造皮革

人造皮革由于有着近似天然皮革的外观，造价低廉，已在服装中大量使用。早期生产的人造皮革是用聚氯乙烯涂于织物上制成的，其服用性能较差。近年来开发的聚氨酯合成革品种，显著改进了人造皮革的质量，特别是底基用非织造布，面层用聚氨酯多孔材料仿造天然皮革的结构及组成，这样制成的合成革具有良好的服用性能。下面分别介绍两种不同类型的人造皮革。

（一）聚氯乙烯人造革

聚氯乙烯人造革是人造革的第一代产品，采用聚氯乙烯树脂、增塑剂和其他辅助剂组成的混合物涂覆或粘合在基材上，再经加工工艺制成。聚氯乙烯人造革与天然皮革相比，耐用性较好，强度与弹性好，耐污易洗，不燃烧，不吸水，变形小，不脱色，对穿着环境的适用性强。由于人造革的幅宽由基布所决定，因此人造皮革比天然皮革张幅大，厚度均匀，色泽纯而匀，便于裁剪缝制，质量易控制。但是人造革的透气、透湿性不如天然皮革，因而制成的服装、鞋靴舒适性差。聚氯乙烯人造革根据塑料层的结构，可以分为普通革和发泡人造革两种。普通人造革多以平布、帆布为底基，直接涂覆涂层制成，由于涂层密实以及糊料能渗入基布的孔隙中，所以成品手感较硬、耐磨，主要用于制作服装、包袋、鞋靴等。发泡人造革是在普通制革的基础上，将发泡剂作为配合剂，使树脂层中形成连续的、互不相通的、细小均匀的气泡结构，从而使制成的人造革手感柔软，有弹性，与真皮相似，多用于制作手套、包、袋、服装及家具。

（二）聚氨酯合成革

聚氨酯合成革是20世纪60年代初开发的品种，由底布和微孔结构的聚氨酯面层所组成，按底布的类型可分为非织造布底布、机织物底布、针织物底布和多层纺织材料底布四种。

聚氨酯合成革的性能主要取决于聚合物的类型、涂覆涂层的方法、各组分的组成、底部结构等。其服用性能特别是强度、耐磨性、透水性、耐光老化性等优于聚氯乙烯人造革，且柔软有弹性，表面光滑紧密，可进行染色和轧花等表面处理，品种多，仿真皮效果好。

（三）真假皮革的辨别

天然皮革与人造皮革尽管在外观上可以很相像，但在服用性上有一定的差别，具体可从以下几个方面区分。

1. 手感

用手触摸皮革表面，天然皮革手感柔软有韧性；而人造皮革虽然也很柔软，但韧性不足，气候寒冷时革身发硬。当用手曲折革身时，天然皮革曲回自然，弹性较好，而人造皮革生硬，弹性差。

2. 外观

观察革面外观。天然皮革有自己特殊的天然花纹，革面光泽自然，用手按或捏革面时，革面无死皱；而人造皮革的革面仔细看花纹不自然，光泽较天然皮革亮，颜色多鲜艳。

天然皮革粒面清晰，表面有不规则的粒面花纹，毛孔眼深，不均匀。人造皮革表面均匀，毛孔眼浅，排列整齐，粒面纹不深。若用手指从反面向上顶，天然皮革总有隐约纹路可见，而人造皮革表面较光滑。

3. 嗅味

天然皮革有动物皮的臭味；而人造皮革具有刺激性较强的塑料气味。

4. 燃烧

从天然皮革和人造皮革背面撕下一点纤维点燃后，凡发出刺鼻的气味，结成疙瘩的是人造皮革；凡是发出毛发气味，不结硬疙瘩的是天然皮革。

5. 滴水试验

滴水后被吸收得多，用布擦掉后颜色变深的为天然皮革，反之为人造皮革。

❓ 思考与练习

1. 试比较棉织物中平布和府绸的异同点。

2. 试比较精纺毛织物和粗纺毛织物的异同点。

3. 试比较凡立丁和派力司的异同点。

4. 试比较麦尔登、制服呢和海军呢的异同点。

5. 试比较双绉和乔其纱的异同点。

6. 天然毛皮有哪几类？各类主要的品种有哪些，有何特点？

7. 天然毛皮与皮革的质量优劣如何评定？

8. 天然毛皮与人造毛皮如何辨别？

9. 天然皮革和人造皮革如何区别？

10. 市场调查并收集10块布样，分析它们的面料特点（包括原料、组织、手感、风格和适用性等）。

第七章

服装辅料

课题名称：服装辅料　　　　课题时间：4课时

📖 课题内容

1. 服装里料及在服装上的应用

2. 服装衬垫料及在服装上的应用

3. 服装填料及在服装上的应用

4. 服装用缝纫线及在服装上的应用

5. 服装扣紧材料与装饰材料及在服装上的应用

⊙ 教学目标

1. 掌握各类服装辅料品种和特征

2. 掌握正确选择服装辅料的方法

3. 了解服装辅料在服装中的重要性

教学重点：服装里料正确选择、服装衬垫料正确选择

教学方法：1. 线上线下混合教学

　　　　　　　2. 实践法

教学资源：

　　服装辅料是指除面料以外构成整件服装所需的其他辅助性材料，是构成服装整体的重要部分，辅料的功能性、服用性、装饰性和加工性等直接影响服装的造型、工艺、质量和价格，关系到服装的时尚审美和实际使用性能和功能。

　　服装辅料的运用一直都是服装设计的重要组成部分，随着消费市场的迭代变更，越来越多的辅料设计成为服装款式设计中的重点，甚至成为最大的亮点。根据服装材料的基本功能和在服装中的使用部分，本章主要介绍服装里料、服装衬垫料、服装填料、服装用缝纫线、服装扣紧材料与装饰材料。

第一节
服装里料

　　服装里料指用于部分或全部覆盖服装里层的材料，俗称里子或夹里。里料经常用于中高档服装、有填充料的服装及面料需要加强支撑的服装，使用里料可以提高服装的档次从而增加服装的附加值。以西装为例，在POP服装趋势"精湛技艺—男装商务西装内里工艺趋势"中，沉熟稳重的西装通过内里印花设计，使商务与时尚完美结合。印花图案以更具辨识度的品牌图案设计，增加品牌效应，如图7-1、图7-2所示。

图 7-1　SOPHNET 服装

图 7-2　Gucci 服装

一、里料的作用

服装里料能使服装挺括美观、耐穿保暖和穿脱方便。

1. 使服装具有良好的保形性

服装里料给予服装附加的支持力，减少服装的变形和起皱，使服装更加挺括平整，达到最佳设计造型效果。

2. 对服装面料有保护作用，提高服装耐穿性

服装里料可以保护服装面料的反面不被沾污，减少对其的磨损，提升服装服用性能。

3. 增加服装保暖性能

服装里料可加厚服装，提高服装对人体的保暖、御寒作用。

4. 使服装穿脱方便

由于服装里料大都柔软平整光滑，从而使服装穿着柔顺舒适且易于穿脱。

二、服装里料的分类

服装里料种类较多，分类方法也不同，按里料的加工工艺分有活里和死里，即由某种紧固件连接在服装上可拆脱洗涤形式和固定缝制在服装上不能拆洗形式；按里料的使用原料可分为棉布类、丝绸类、化纤类和毛皮及毛织品类，因里料原料组成的差异形成了性能特点的不同。

1. 棉布类

棉布类（图7-3）常用有纯棉织物、涤棉织物和人造棉织物。

纯棉织物常用有平布、条格布和绒布，该里料具有较好的吸湿性、透气性和保暖性，穿着舒适，不易产生静电，强

图7-3　棉布类里料

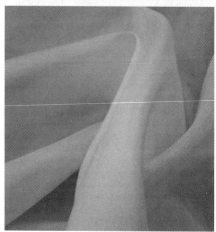

图 7-4 真丝类里料

图 7-5 合成纤维类里料

度适中，不足之处为易皱、不够光滑，多用于童装、夹克衫等休闲类服装。

涤棉混纺里料，结合了涤纶和棉优势，有一定吸湿性和抗皱性，主要用于夹克和防风衣中。

人造棉里料吸湿性好，不产生静电，但耐用性不足。

2. 真丝类

真丝类里料具有很好的吸湿性、透气性，质感轻盈、美观光滑，不易产生静电，穿着舒适，不足之处是强度偏低、质地不够坚牢、经纬纱易滑移，且加工缝制较困难，常用有塔夫绸、花软缎、电力纺，多用于裘皮服装、纯毛及真丝等高档服装，如图 7-4 所示。

3. 化纤长丝类

化纤长丝类里料常用有合成纤维里料和人造纤维里料。

合成纤维里料一般强度较高，结实耐磨，抗折性能较好，具有较好的尺寸稳定性、耐霉蛀等性能，不足之处是易产生静电，服用舒适性较差，目前高档服装里采用抗静电整理或采用抗静电纤维，常用有涤纶斜纹绸、涤纶塔夫绸、涤丝纺、尼丝纺和网眼类里料等，如图 7-5 所示。

人造纤维里料常用有黏胶纤维，典型品种有美丽绸等，化纤长丝类里料多用在运动服、羽绒服和夹克等服装中。

4. 毛皮及毛织品类

毛皮及毛织品类里料最大的特点是保暖性极好，穿着舒适，如图 7-6 所示，多应用于冬季及皮革服装。

图 7-6 毛皮及毛织品类里料

三、里料应用

服装里料与面料搭配合适与否直接影响服装的整体效果及服用性能。因此，在里料设计和应用时要充分考虑以下因素。

1. 里料色彩

里料的色彩应与面料色彩相协调，尤其是高档服装，里料应与面料应相一致或相近。通常是里料颜色与面料的颜色相近或略浅于面料颜色，并注意里料本身的色差和色牢度。特别是女装里料的颜色不能深于面料的颜色，男装则要求里面料颜色尽可能相近。

2. 里料的缩水性

里料的缩水性应与面料相匹配，缩水率过大的里料应进行预缩处理，并在缝制时留有适量的缩缝，否则洗涤后易在底边、袖口发生内卷或外翘，有起皱或拉紧现象。

3. 里料质地

里料过于硬挺，致使面、里料间不贴切，服用感不良，易造成衣服起皱，通常里料应轻薄柔软于面料。同时，里料与面料的搭配，需要考虑两者材料档次的一致性，以选择丝绸类里料为例，中、高档面料一般采用电力纺、斜纹绸等，中、低档面料一般采用羽纱、尼龙绸等。

4. 里料的吸湿性

里料应尽可能选择吸湿性能好的织物，以减少穿着后静电的产生，有利于改善服装舒适性能。

5. 里料的加工性能

里料的耐热性能与服装湿热加工有关，经常需熨烫加工的服装应选择耐热性较好的里料，以免熨烫时损坏里料。

第二节
服装衬垫料

服装衬垫料主要包括衬料和垫料两大类。

一、衬料

衬料又名衬布，是介于服装面料和里料之间，起衬托、完善服装造型或辅助服装加工的材料。它是服装的骨骼，能使服装造型丰满，穿着舒适，起到拉紧定形和支撑的作用，完成设计师们的灵感创作。

（一）衬料作用

根据成衣的不同造型，衬料起着不同的作用。

1. 改善服装的保形性，提升结构形状和尺寸稳定性

在人体运动过程中服装面料承受着不同程度的拉伸，拉伸频率高的部位易产生形状和尺寸的不稳定，比如服装前襟、袋口和领口，通过衬料给予服装局部部位加固、补强，可减少面料变形和恢复，从而保证服装形状和尺寸的稳定。

2. 增强服装的挺括性和弹性，改善服装立体造型

在不影响面料外观手感的前提下，通过衬料的挺括性和弹性，可使服装平挺、宽厚或隆起，达到对服装、人体进行修饰的效果，比如西装的胸衬，可使服装丰满挺括，增加服装立体感。

3.改善面料抗皱性，提升服装保暖性

服装通过衬料挺括性和弹性能使服装不易起皱，同时用衬后增加了服装厚度，提高了服装的保暖性。

4.改善面料加工性能，提升服装品质

服装面料加工性能直接影响服装品质，通过衬料的挺括性和弹性可以改善面料加工性能，比如真丝类轻薄面料柔软光滑，加工时易起皱和纰裂，通过衬料可改善缝纫过程中的滑移现象，有利于缝制加工；特别是服装袖口、下摆边和袖口衩、下摆衩等处加工时，用衬可使折边更加清晰和笔直，增加服装的美观性。

（二）服装衬料的分类

根据服装衬料的使用部位、衬布用料、衬的底布类型、衬料与面料的结合方式不同，可以将衬料分为棉衬、麻衬、毛衬、树脂衬、粘合衬等。

1.棉衬、麻衬

棉衬分为软衬和硬衬两种，采用中、高特棉纱织成本白棉布，不加浆或加浆料制成，形成棉软衬和硬衬。棉衬用于挂面或与其他衬料搭配使用，以适应服装各部位对用衬软硬和厚薄变化的要求，有时用于各类传统加工方法的服装上。

麻衬用麻平纹布或麻混纺平纹布制成，麻纤维刚度大，有较好的硬挺度，常用作普通服装衬布，如中山装。

2.毛衬

毛衬经纱多采用棉或涤棉的纱线，纬纱多采用毛或毛混纺纱线。

（1）黑炭衬。黑炭衬一般为牦牛毛、羊毛、人发混纺或交织而成的平纹组织织物，再经树脂整理和定形加工而成，多为深灰与杂色，如图7-7所示。该衬硬挺而富有弹性，造型性能好，经向悬垂性好，而纬向有优良的弹性，多用于外衣类服装，并以毛料服装为主，男女西服、套装、制服、大衣、礼服等都要使用黑炭

图7-7 黑炭衬

图 7-8 马尾衬

衬。在服装中，黑炭衬一般常用于服装的前身、胸部、肩部、驳头等部位，使服装造型丰满、合体和挺括。

黑炭衬的选用应根据面料的厚薄、手感特性及服装款式和应用部位来选配，通常，厚重面料应选配厚型衬，薄型面料选配轻薄型衬；手感挺括面料选用硬挺型衬，手感柔软面料应选用软挺型衬；制服、礼服类应选配硬挺型衬，休闲服应配软挺型衬；盖肩衬、造型衬应选配硬挺型衬。

（2）马尾衬。马尾衬以马尾鬃或包芯马尾纱为纬纱，以棉或涤棉混纺纱为经纱织成平纹织物，表面为马尾的棕褐色与本白色相交错，如图 7-8 所示。马尾衬弹性极好，不折皱，挺括，湿热状态下可归拔出设计所需的形状，能产生挺括丰满的造型效果，通常用于制服、大衣、西服等服装的肩、胸等部位，常作为高档服装的胸衬，价格昂贵。

3. 树脂衬

树脂衬是用纯棉布或涤棉平纹组织织物为基布，经过漂白或染色后浸轧树脂而成。由于树脂的不同配方及不同焙烘工艺，使树脂衬又分为软、中、硬三种不同手感的衬料。树脂衬硬挺度高、弹性好、缩水率小且耐水洗，所以尺寸稳定，不易变形，主要用于衬衫、外衣、大衣、风衣及服装的领子、前身、门襟、袖口等部位。

树脂衬选择应根据服装面料的特性、使用部位及服用要求。例如，衬衫领衬应选用硬挺型、尺寸稳定性好、经漂白处理的纯棉或涤棉树脂衬；衬衫袖口可选用手感稍软的树脂衬；薄型毛料上衣前身应选软薄型纯棉树脂衬，腰衬可选用硬挺型涤棉或纯涤纶树脂衬。随着粘合衬的发展，树脂衬逐步被粘合衬所替代，树脂衬也多以粘合衬的方式用于服装。

4. 粘合衬

粘合衬是以机织物、针织物、非织造布为基布，以一定方式涂热熔胶于基布而制成，因此粘合衬的基本性能主要取决于基布、热熔胶和涂层方式。粘合衬的出现与应用使传统的服装加工业发生了巨大的变革，它简化了服装的缝制工艺，提高了缝制水平，使服装获得轻盈、挺括、舒适、保形等多方面的效果，大大提高了服装的外观质量和内在品质。

粘合衬按热熔胶的种类可分为聚乙烯（PE）粘合衬、聚酰胺（PA）粘合衬、聚酯（PET）粘合衬和聚氯乙烯（PVC）粘合衬。聚乙烯粘合衬可分为高密聚乙烯衬和低密聚乙烯衬，高密聚乙烯衬要用高温高压粘合，常用在衬衫领衬上，而低密聚乙烯衬用普通粘合压力或熨斗即可粘合，一般用在经常高温水洗的服装上；聚酰胺粘合衬具有良好的粘合性能，应用于很多服装上，水洗温度一般不高于40℃；聚酯粘合衬具有较好的洗涤性能，单压烫粘合温度要适当提高；聚氯乙烯粘合衬具有足够的粘合强度和较好的耐水洗性能。但易老化，所以经常用在防雨服上。

粘合衬应用在服装上要根据服装类型、部位和面料特性进行选择。

（1）根据不同服装类型对衬料的要求选配。棉布、化纤面料等服装以水洗为多，穿着周期短，有衬部位少，可选用聚酯或聚乙烯类非织造布粘合衬；呢绒类服装如西服大衣、套装以干洗为主，要求有较好的造型保形性，穿用周期长，手感柔软而有弹性，一般选用质量较好的聚酰胺类粘合衬；丝绸类服装手感滑爽，悬垂性好，轻盈飘逸，一般可选配轻薄的非织造布或针织基布粘合衬。

（2）根据不同部位对衬料的要求选配。前身衣片要求造型饱满挺括，尺寸稳定，手感柔软而有弹性，悬垂性好，一般应选配机织布粘合衬或衬纬经编基布粘合衬；服装的底边、袖口、脚口等部位应选轻薄的非织造布粘合衬；用作补强的牵带应选薄型的机织布粘合衬。

（3）根据服装面料的不同特性选配。一般粘合衬总是比面料轻薄些；悬垂性好的面料应选配弹性好、重量轻的非织造布粘合衬。

（三）衬料的应用

1. 衬料应与服装面料的性能相匹配

衬料的颜色、单位重量、厚度、悬垂性等方面应与服装面料性能相匹配，如法兰绒等厚重面料应使用厚衬料，而丝织物等薄面料则用轻柔的丝绸衬，针织面料则使用有弹性的针织（经编）衬布；淡色面料的垫料色泽不宜深；涤纶面料不宜用棉类衬等。

2. 衬料应与服装不同部位的功能相匹配

硬挺的衬料多用于领部与腰部等部位，外衣的胸衬则使用较厚的衬料；手感平挺的衬料一般用于裙裤的腰部以及服装的袖口；硬挺且富有弹性的衬料应该用于工整挺括的造型。

3. 衬料应与服装的使用寿命相匹配

需水洗的服装则应选择耐水洗的衬料，并考虑衬料的洗涤与熨烫尺寸的稳定性，确保在一定的使用时间内不变形。

4. 衬料应与生产设备相匹配

专业和配套的加工设备，能充分发挥衬料辅助造型的特性。因此，选购材料时，结合粘合及加工设备的工作参数，有针对性地选择，能起到事半功倍的作用。

二、垫料

服装垫料是附在面料和里料之间用于服装造型修饰的一种辅料。垫料在服装上主要用作肩垫、袖山垫、胸垫等，以肩垫最为常见。垫料主要有棉垫、棉布垫、海绵垫，还有用羊毛、化纤等材料制成的垫料。

服装垫料的基本作用是在服装的特定部位，利用制成的用以支撑或铺衬的物品，使该特定部位能够按设计要求加高、加厚、平整或修饰等，以使服装穿着达到合体挺拔、美观或加固等效果。

（一）服装垫料的分类

服装上使用垫料的部位较多，但最主要的是胸、领和肩。

1. 胸垫

胸垫又称胸绒，主要用于西服、大衣等服装的前胸夹里，保证服装立体感和胸部的丰满，从而使服装造型美观、保形性好。

在传统的服装缝制中常用棉垫或毛、麻机织衬布通过缝制整烫成为立体的胸垫，20世纪80年代以来，随着非织造布的发展，人们开始用非织造布制造胸垫，使生产多种规格、多种颜色、性能优越的非织造布胸垫成为现实，利用针刺技术将涤纶、黏胶等制成圆形且中间厚、四周薄的非织造布胸垫。非织造布胸垫的优点是重量轻，裁后切口不脱散，保形性良好，洗涤后不收缩，透气性、耐霉性好，与梭织物相比，对方向性要求低，使用方便，经济实用。

2. 领垫

领垫又称领底呢，是用于服装领里的专有材料。一般用50%~100%的羊毛和黏胶纤维制成，领垫代替服装面料及其他材料用作领里，可使衣领平展、面里服帖、造型美观、增加弹性、便于整理定形，洗涤后缩水不走形。领底呢主要用于西服、大衣、军警服及其他行业制服，便于服装裁剪、缝制，适合于批量服装的生产，用好的领底呢可提高服装的档次。

3. 肩垫

肩垫又称垫肩，是随着西装的诞生而产生的。肩垫起源于西欧，之后迅速传遍世界各国，并逐步发展。肩垫就其材料来分，有棉及棉布垫、海绵及泡沫塑料垫、羊毛及化纤下脚针刺垫等。目前用得比较多的针刺肩垫，是用棉、腈纶或涤纶为原料用针刺的方法制成的，也有中间夹黑炭衬，再用针刺方法复合成形而制成的肩垫，多用在西装、制服及大衣等服装上。定形肩垫是使用EVA粉末把涤纶针刺棉、海绵、涤纶喷胶棉等材料通过加热复合定形模具复合在一起而制成的肩垫，此类肩垫多用于时装、女套装、风衣、夹克、羊毛衫等服装上。

（二）垫料应用

在选配垫料时要根据造型要求、服装种类、个人体型、服装流行趋势等因素来进行综合分析，以达到服装造型的最佳效果。同时垫料与面料在单位重量与厚度、尺寸稳定性、悬垂性等方面应与面料相匹配。

第三节
服装填料

服装填料也称填充材料，是指使用于服装面料与里料之间，起保暖（或降温）及其他特殊功能的材料。传统的填料有棉花、羊毛、驼毛、羽绒等。

过去服装絮料的主要作用是保暖御寒，随着科技的进步，新发明材料的不断涌现，赋予了絮填料更多更广的功能，也开发了许多新产品，例如，利用特殊功能的絮料以达到降温、保健、防热辐射等功能。科学地选用保暖填料并合理选择用量对于服装，尤其是冬季服装的设计、制作十分关键。按照填充材料的保暖原理，可以将服装填料分为积极保暖和消极保暖两大类别。所谓消极保暖填料可以阻止或减少人体热量流失，而积极保暖填料除此之外还具备吸取外部热量的功效。

一、服装填料的分类

按照填料的形态，可分为絮类填料和材类填料两大类。絮类填料是指未经纺织的纤维或羽绒等絮状的材料，因其没有一定的形状，所以使用时要配置夹里。絮类填料主要有棉絮、丝绵、羽绒（鸭绒、鹅绒）、骆驼绒、羊绒等。材类填料是由纤维纺织而成的絮片状材料，它有固定的外形，可根据需要进行裁剪，使用时可不用夹里。材类填料主要有驼绒、长毛绒、毛皮、泡沫塑料和化学纤维絮片等。

（一）絮类填料

1. 羽绒

羽绒一般使用鸭绒（图7-9）、鹅绒（图7-10）。鸭绒是经过消毒的鸭绒，它具有质轻与保暖能力强的特点。羽绒服中经常会看到含绒量、充绒量，含绒量是指这件衣服里填充的绒子和绒丝在所有填充物羽毛羽绒中的含量百分比，而充绒量是指一件羽绒服装填充的全部羽绒的重量克数。羽绒保暖性通常用蓬松度来衡量，它指在一定条件下每一盎司羽绒所占体积（立方英寸）的数值，在充绒量相当的情况下，蓬松度越高，保暖功能越好。羽绒主要用于制作鸭绒衣服、背心、裤子以及被子等。鹅绒是经过加工处理的鹅绒，鹅绒具有质轻细软的特点。

图7-9　鸭绒　　　　　　　　　　　图7-10　鹅绒

2. 棉絮

棉絮是用剥桃棉或纺织厂的落脚棉弹制而成的，多用于做棉袄、棉裤、棉大衣、棉被、棉坐垫等，如图7-11所示。

3. 丝绵

丝绵是用蚕丝或剥取蚕茧表面的乱丝经整理而成的，丝绵的用途同棉絮。丝绵比棉絮的密度要轻，因丝绵纤维长，弹性好，故价格也高，如图7-12所示。

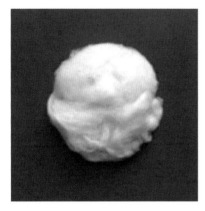
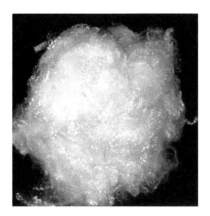

图7-11　棉絮　　　　　　　　　　　图7-12　丝绵

4.骆驼绒

骆驼绒是直接从驼毛中挑选出来的绒毛，可以直接用于衣服。它具有质轻、保暖性好的特点，而且保暖效果比棉絮好。

5.山羊绒

从山羊毛中梳选出来的绒毛，也可以直接用于衣服。它具有手感柔软、质轻、保暖性好的特点。

（二）材类填料

材类填料大多是化学纤维絮片，如图7-13、图7-14所示。化纤絮片主要有中空涤纶短纤维絮片、腈纶短纤维絮片、氯纶短纤维絮片等。絮片具有保暖性强，厚薄均匀，质地轻软，使用方便的优点。由于它可以直接按照规格尺寸裁剪，因此制作简单，适宜大批量生产。

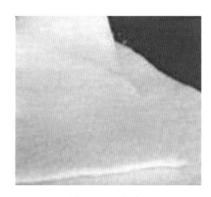

图7-13　絮片1　　　　　　　　　　图7-14　絮片2

二、常用絮料的选配

棉絮质地柔软、保暖性好、亲肤舒适，经常用于棉衣、棉裤以及棉大衣等用品的制作。品质好的棉絮洁白有光泽，绒毛整齐，外形匀称，且手感舒适，具备较强的吸湿性和抗静电、抗污性。羽绒是羽绒服、羽绒裤的常见填充材料，也是保暖性能最好的天然材料之一。品质好的羽绒制成的羽绒服饰收缩性能较大，可以缩小至比较小的体积，相对于羽绒，羊毛、羊绒、驼绒等材质的填料更加高档。羊绒密度较大、较为蓬松，其导热系数相对较小，因此保暖效果极佳。

在选配絮料时，主要根据服装设计款式、种类用途及功能要求的不同来选择适应的厚薄、材质、轻重、热阻、透气透湿、蓬松收缩性能的絮料，必要时还可对絮料进行再加工以适应服装加工的需要。

第四节

服装用缝纫线

缝纫线是指缝合纺织材料、塑料、皮革制品和缝订书刊等用的线。缝纫线具备可缝性、耐用性与外观质量的特点。

一、服装用缝纫线的分类

（一）按作用分类

随着消费者对服装个性化的要求，缝纫线除具备缝合功能所需的柔韧性、尺寸稳定性、条干均匀和色牢度等品质要求外，还要根据服装要求具有特殊功能和装饰功能。

1. 功能性缝纫线

功能性缝纫线是指针对不同的服装、不同的部位，选用不同功能用线。以西服为例，除一般平缝线以外，背部烫熨时需要低缩防皱缝纫线，防止熨烫后不平整；在裤裆位置需用伸缩线；针对羽绒服的跑绒缺点，可使用纳米防跑绒线以防止针孔跑绒；牛仔服装需要耐磨线，使服装水洗时不影响服装质量；弹力布和针织服装上使用伸缩线或弹力线。

2.装饰缝纫线

装饰缝纫线就是把缝纫线作为设计元素运用在服装上，通过缝纫明线的选择和变化体现服装设计风格。在POP服装趋势"别有洞天——女装牛仔工艺趋势"中明显的线迹与牛仔面料本身形成鲜明的对比，赋予牛仔单品别样的视觉分割感受，如图7-15所示；在"重塑格调——男装西装细节工艺趋势"中，采用明线来凸显精美至上的极简外观，如图7-16所示，受到含蓄内敛的消费群体喜爱。

图7-15　Fendi品牌服装　　　　图7-16　Keenkee品牌服装

（二）按材质分类

1.棉缝纫线

棉缝纫线以棉纤维为原料，经练漂、上浆、打蜡等工序制成缝纫线。棉缝纫线又可分为无光线（或软线）、丝光线和蜡光线。棉缝纫线强度较高，耐热性好，适用于高速缝纫与耐久压烫，主要用于棉织物、皮革及高温熨烫衣物的缝纫。缺点是弹性与耐磨性较差。

2.蚕丝缝纫线

蚕丝缝纫线分为长丝纱的股线和短纤维纱绢丝制成的股线，以长丝纱为主，其色泽鲜艳，质地柔软，平滑光洁，光泽好，可用于缝制真丝服装和全毛服装等高档服装，是缉明线的理想用线。

3. 涤纶缝纫线

涤纶缝纫线是目前用得最多、最普及的缝纫线，以涤纶长丝或短纤维为原料制成，品种有涤纶丝线、涤纶低弹丝和涤纶短纤维缝纫线，其中涤纶低弹丝缝纫线具有良好伸缩性。涤纶缝纫线具有强度高、弹性好、耐磨、缩水率低、化学稳定性好的特点，主要用于牛仔、运动装、皮革制品、毛料及军服等的缝制。这里需注意的是，涤纶缝线熔点低，在高速缝纫时易熔融，堵塞针眼，导致缝线断裂，故需选用合适的机针。

4. 锦纶缝纫线

锦纶缝纫线由纯锦纶复丝制造而成，分长丝线、短纤维线和弹力变形线三种，目前主要品种是锦纶长丝线。它的优点在于延伸度大、弹性好，其断裂瞬间的拉伸长度高于同规格的棉线三倍，因而适合于缝制化纤、呢绒、皮革及弹力等服装。锦纶缝纫线最大的优势在于透明，由于此线透明，和色性较好，因此降低了缝纫配线的困难，发展前景广阔。

5. 涤棉缝纫线

涤棉缝纫线常有普通涤棉缝纫线和涤棉包芯缝纫线。涤棉缝纫线常采用65%的涤纶和35%的棉混纺而成，兼有涤和棉两者的优点。涤棉缝纫线既能保证强度、耐磨、缩水率的要求，又能克服涤纶不耐热的缺陷，适应高速缝纫，可用于全棉、涤棉等各类服装；涤棉包芯缝纫线以涤纶长丝为芯，外包覆棉而制得。包芯缝纫线的强度取决于芯线，而耐磨与耐热取决于外包纱。因此，包芯缝纫线适合于高速缝纫，以及需要较高缝纫牢固的服装。

6. 腈纶缝纫线

腈纶缝纫线由腈纶纤维制成，主要用作装饰线和绣花线，纱线捻度较低，染色鲜艳。

7. 维纶缝纫线

维纶缝纫线由维纶纤维制成，其强度高，线迹平稳，主要用于缝制厚实的帆布、家具布、劳保用品等。

二、服装用缝纫线的选配

评定缝纫线质量的综合指标是可缝性。可缝性表示在规定条件下，缝纫线能顺利形成良好的线迹，并在线迹中保持一定机械性能的能力。在确保可缝性的同时，缝纫线也需要正确地应用，做到这一点，应遵循以下原则：

1. 与面料配伍

缝纫线与面料的原料相同或相近，才能保证其缩率、耐热性、耐磨性、耐用性等的统一，避免线、面料间的差异而引起外观皱缩。缝纫线粗细应与面料厚薄、风格相适宜；色泽与面料要一致，除装饰线外，应尽量选用相近色，且宜深不宜浅。

2. 与服装种类一致

对于特殊用途的服装，应考虑特殊功能的缝纫线，如弹力服装需用弹力缝纫线，消防服需用经耐热、阻燃和防水处理的缝纫线。

3. 与线迹形态协调

服装不同部位所用线迹不同，缝纫线也应随其改变，如包缝需用蓬松的线或变形线，双线线迹应选择延伸性大的线，裆缝、肩缝线应坚牢，而扣眼线则需耐磨。

第五节

服装扣紧材料与装饰材料

扣紧材料指服装中具有封闭、扣紧功能的材料。扣紧材料除了自身所具备的封闭、扣紧作用外，其装饰性也是不容忽视的，尤其在当今服装潮流趋于简约的背景下，扣紧材料的装饰作用愈发明显和突出，常常起"画龙点睛"的作用，是极其重要的服装辅料之一。

一、扣紧材料分类

扣紧材料主要由纽扣、拉链、绳带、挂钩及搭扣组成。

1. 纽扣

纽扣用在服装上给人体带来防护、保暖的同时，还起到了一定的装饰作用，纽扣的装饰性能主要体现在花纹、材质以及工艺制作中。纽扣在服装中可以起到画龙点睛的作用，目前市场上的纽扣种类繁多，主要品种有合成材料纽扣、天然材料纽扣和组合纽扣三种。

（1）合成材料纽扣。合成材料纽扣具备良好的耐磨性、耐化学性和染色性，色泽鲜艳、花色繁多，如图7-17所示，由慕夏Mucha艺术家风格衍生出的简约纽扣人像纹样款式，色彩以复古色调为主，通过对比色的选用，凸显纽扣纹样的独特性，因此纽扣具有较强的画面装饰感。在款式单品的使用中也主要以同类色系的纽扣样式来进行装饰与使用，如图7-18所示。

图7-17　由慕夏Mucha艺术家风格衍生出的
简约纽扣（资料来自POP服装趋势）

图7-18　Ourhour服装
（资料来自POP服装趋势）

（2）天然材料纽扣。天然材料纽扣具备天然材质的光泽、质地和纹理，装饰效果自然高雅。例如，贝壳纽扣、木纽扣及毛竹纽扣、椰壳纽扣、金属纽扣、宝石纽扣和陶瓷纽扣等均属此类。如图7-19所示为有着特殊渐变纹样的贝壳扣，在呼吁环保理念的同时，为服装单品起到功能性和点缀性的作用，带来了具有动感和变化的色彩。

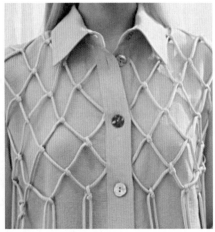

图7-19　贝壳纽扣（资料来自POP服装趋势）

随着人们追求环境的绿化，木纽扣正迎合了消费者认为的纯天然、健康无害的这个心理，木纽扣保留了树木特有的纹理特征，为单品增加了层次感，如图7-20所示。

图7-20　木纽扣（资料来自POP服装趋势）

如图7-21所示，包扣以清新的花朵为灵感，以刺绣的形式表现在扣饰上，给服装增加了精彩的亮点装饰。

图7-21　包扣（资料来自POP服装趋势）

（3）组合纽扣。组合纽扣是由两种或两种以上不同材料通过一定的加工方式组合而成的纽扣，它的装饰性和功能性更加突出，已成为流行数量最多的纽扣品种。例如，ABS电镀—尼龙件组合（或电镀金属、树脂件组合）、金属—树脂件组合等均属此类。如图7-22所示，将绽放盛开的花朵以刺绣、立体绘画、珠钻拼接的手法设计出精巧轻奢的多元扣饰纹样，为单品增加精彩的亮点装饰。

如图7-23所示的装饰纽扣在工艺上采用雕花、喷漆，再经过打磨来形成双色的视觉效果，材质上有树脂纽扣、亚克力纽扣、贝壳纽扣等材质的混合，来凸显款式精美的细节。

图7-22　组合纽扣（资料来自POP服装趋势）　　　图7-23　装饰纽扣（资料来自POP服装趋势）

2. 拉链

拉链是一个可重复拉合、拉开的，由两条柔性的、可互相啮合的单侧牙链所组合而成的开闭件，由拉头、拉链齿、布带，上下止口等部件组成。拉链可以说是服装设计中非常重要的链接性辅料元素，起到了阻挡风雨、保暖的作用。而它在具有这些实质性的功能以外，强大的装饰性作用在款式设计中也越来越突出。如图7-24所示，拉链头不同材质、不同形状模块的碰撞拼接加上色彩的丰富性增加了拉头的细节设计感。塑料极强的塑造性可打造不同的拉头造型，整体时尚感瞬增。如图7-25所示，撞色拉链在牛仔外套上运用，明亮黄色系在原色调的牛仔面料上更加耀眼，吸引眼球。

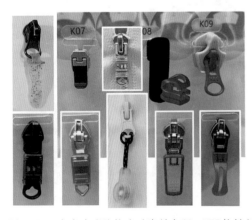

图7-24　丰富多彩的拉头（资料来源：KEE拉链）　　图7-25　彩色拉链应用（资料来自POP服装趋势）

因拉链组成材质的差异，可分为以下三类。

（1）金属拉链。其优点是耐用、庄重、高雅、装饰性强，如图7-26、图7-27所示撞色金属拉链应用，金属的冰冷感与面料的细腻感碰撞，突出了拉链的应用同时更多地彰显了金属感与精致美的视觉碰撞，打破了素色面料的款式略显单调朴素的缺点。

图7-26　Dolce & Gabbana服装　　　　　图7-27　TRENDIANO服装

金属拉链缺点是链牙较易脱落或移位，价格较高。主要应用于中高档夹克衫、牛仔装、皮衣、防寒服等。

（2）树脂拉链。树脂拉链指链齿由聚甲醛等树脂材料注塑而成的，颜色丰富，与同等大小的金属拉链相比相对较轻，树脂拉链包括透明或半透明拉链、蓄能发光拉链等，树脂拉链广泛用于休闲运动装。如图7-28、图7-29所示拉链注重色彩变化、字母装饰、防水性能等多元化因素，通过时尚多姿的趣味性拉链进一步装饰简洁的服装款式，打破单品的沉闷，注入青春气息。

图7-28　FILA服装　　　　　图7-29　多元设计时尚拉链

（3）尼龙拉链。由于尼龙拉链是连续圈状的链齿，所以相对其他材质的拉链柔韧性更强，尼龙拉链还包括隐形拉链、防水拉链、反穿拉链等。优点是耐磨、轻巧、弹性好、色泽鲜艳，主要应用于质地轻薄的各式服装中。

3. 绳带

服装中的绳带除了起固紧作用外，还具较强的装饰性。

（1）装饰带。装饰带在服装上常用的有罗纹带、缎带、针织彩条带和滚边带等。罗纹带是用棉与氨纶的包芯纱以平纹与重平组织联合组织织制的弹性带织物，表面呈罗纹状，主要用于夹克衫下摆、袖口等部位，产品花色繁多，颜色各异；缎带是指采用缎纹组织织制而成的带织物，以装饰功能为主，带面平挺，色泽艳丽；针织彩条带是针织运动服装的辅料；滚边带指滚边用的带状织物。2021春夏运动服饰被赋予更高适应性的功能，越来越多的细节设计灵感来源于户外运动，装饰条带、撞色滚边等设计的融入服装中，如图7-30～图7-32所示（资料来自POP服装趋势）。

图7-30　Willy Chavarria服装

图7-31　Burberry服装

图7-32　FILA服装

图7-33　FILA服装

图7-34　MJB服装

（2）装饰绳。装饰绳有扁平绳和圆形绳两种形式，其质地紧密，表面光滑，手感柔软，外观呈人字纹路，常用人造丝、涤纶低弹丝和丙纶等纤维，染成各种颜色后织制成各种单色或花色绳。随着服装款式创新，设计师常在不同部位辅以装饰绳使服装更加活泼潇洒，如图7-33、图7-34所示（资料来自POP服装趋势）。

4. 挂钩及搭扣

挂钩多由金属或树脂材料制成，主要用于承受拉力部位的固紧闭合，如裤腰、裙腰、衣领等。搭扣多为尼龙搭扣，多用于开闭迅速且安全的部位，如婴幼儿服装、作战服、消防员服装等。如图7-35所示，织带插扣作为细节装饰运用于日常服饰当中，用作袋盖的开合固定功能，具有防止带内物品掉出的作用，打造机能潮流风格。

图7-35　搭扣在服装上的应用（资料来源POP服装趋势）

二、常用扣紧材料的选配

1. 根据服装款式及流行趋势进行选配

由于扣紧材料较强的装饰作用，它已成为加强和突出服装款式特点的一个十分有效的途径，除了加强服装款式造型外，还应与服装及配件的流行相结合，在材质、造型、色彩等多方面综合考虑。

2. 根据服装种类和用途进行选配

服装种类不同，消费者需求不同，如女装较男装更注重装饰性，童装应考虑安全性，不同服装应选择不同的扣紧材料；而秋冬季因天气寒冷，为加强服装保暖效果，多采用拉链、绳带和尼龙搭扣等。

3. 扣紧材料与服装面料相配伍

扣紧材料应从材质、造型、颜色等多方面与面料搭配协调，以求达到完美的装饰效果，通常轻薄柔软的面料选用质地轻而小巧的扣紧材料，而厚重硬挺的面料则选用质地较厚实且较大的扣紧材料。

4. 根据扣紧材料所使用的部位及服装的加工方式、设备条件综合考虑

扣紧材料所使用部位不同，所起作用不同，应选择不同的扣紧材料，例如，应用在上衣门襟的拉链为开尾拉链，而应用在裤子门襟、女连衣裙为闭尾拉链。当然，扣紧材料的选择也应从设备条件和加工方式综合考虑。涉及扣紧材料的坚牢度、色牢度以及是否溶于干洗剂等，选择还应考虑服装的保养洗涤方式。

三、其他装饰材料

1. 花边

花边是指有各种花纹图案作装饰用的带状织物，用作各种服装的嵌条或镶边。随着社会的繁荣发展，东方文化的流行，传统的花边图案逐渐成为设计者表达情感和艺术的手段，花边图案既保留了传统式样的吉祥如意结、龙凤纹、卍字纹、卷草纹等，又有了写实的花鸟鱼虫、人物等素材的应用，千变万化、工艺精致，花边因其花型精致、手感柔软、层次丰富、风格迥异等特点受到人们的青睐，长久流行，主要应用于服装领部、袖口、门襟、衣摆、肩部、侧开衩处、裙摆等，如图7-36、图7-37所示（资料来自POP服装趋势）。

图7-36　Jil Sander 21/22秋冬服装　　　图7-37　Ankimek服装

花边主要分为机织、针织、刺绣及编织四大类，从无弹花边发展到弹力花边；从单一纤维发展到多种纤维；特别在色彩设计上，从单调的一元色逐渐倾向于三色多种搭配的多元风格，其原料大致有锦纶、涤纶、天然棉纤维、黏胶、氨纶等。

2. 商标和贴标

　　贴标在辅料市场的份额占有较大的比重，除了贴章等常规的外部装饰标，领标及织唛也一反常规操作，成功上位成为意趣十足的品牌画像，如图7-38所示，简约基础的款式搭配小型撞色侧标，完全可以轻易地捕获大家的眼球，异位后的领标也足够引起大家的注意力。

　　如图7-39所示，胶条标识更能够直接又隐秘地表现出品牌的内涵，细腻不张扬的胶条小件和独特的logo字符，品质感从微小的细节设计满溢而出。

图7-38　Cabbeen服装

图7-39　Burberry服装

　　如图7-40所示，领标从服装内部异位于外部的某一位置，精致的线迹与浓厚的手作感将一件服装的品质感表达得淋漓尽致，虽然只是一个领标的异位，却足以给人耳目一新的感觉。

　　如图7-41所示，品牌形象徽标可以说是一个品牌形象DNA的浓缩版，比起铺天盖地的logo印花，Prada深入人心的精致徽章直接有力地输出了品牌形象。

图7-40　Louis Vuitton服装领标装饰

图7-41　Prada徽章装饰

3. 其他

链条装饰材料在各类年轻消费市场中保持着竞争力，如图7-42、图7-43所示链条装饰可以很好地强化细节的精致设计，与本身素雅的面料形成对比，打造极具现代摩登的服装细节。

图7-42　C2H4服装上的金属链饰　　　　图7-43　牛仔裤上的链条装饰

如图7-44所示，运用金属质感的铆钉来修饰服装款式的结构线条，丰富、强化了款式结构的同时，也突出了领部、肩部、口袋，甚至是前中等边缘结构的修饰，用金属质感的表现形式对细节进一步强化，最终以极具视觉冲击效果的形式呈现。

如图7-45所示，在服装上单个图案呈现时更加注重工艺手法的运用，钉珠、烫钻、刺绣、亮片等多种工艺组合运用，呈现出更加丰富立体、有层次的图案效果。

图7-44　John Richmond服装金属装饰　　图7-45　Kodice服装装饰设计

📝 思考与练习

1. 正规西装选择哪些辅料，并说明理由。
2. 设计一款女礼服，选择合适辅料，并说明理由。
3. 调研户外运动服的面辅料，并用学过的知识分析其优缺点。

第八章
服装典型品种的选材

课题名称：服装典型品种的选材　　　　　课题时间：6课时

📑 课题内容

1. 各种典型服装的类别和特性
2. 各种典型服装的面辅料选择
3. 服装不同品类的流行元素

⏱ 教学目标

1. 使学生掌握各类服装的类别和特性
2. 使学生了解服装不同品类的流行元素
3. 使学生具备根据服装特性正确选择面辅料的能力

教学重点：各类服装的类别和特性；各类服装面辅料选择

教学方法：1. 讲授法
　　　　　　　2. 实践法
　　　　　　　3. 讨论法

教学资源：

内衣

一、内衣的类别

内衣广义上泛指一切外衣之内的内穿服装；狭义上主要指在居家环境和睡眠状态下穿着的贴体服装。

内衣包括文胸、底裤、背心、睡衣、居家服、保暖内衣等。根据内衣的功能可分为基础内衣、装饰内衣、美体矫形内衣等。基础内衣是指接触皮肤、穿在最里面的服装，这类内衣具有基本保暖、防寒、吸湿、透气的功能，包括背心、三角裤、棉毛衫、棉毛裤等，如图8-1、图8-2所示。装饰内衣主要指在室内穿着以及穿在基础内衣与外衣之间的内衣，它不仅能体现休闲舒适的生活状态，还能使外衣穿脱方便，起装饰作用，包括蕾丝内衣、衬裙、睡衣、家居服等，如图8-3、图8-4所示。美体矫形内衣是为了弥补人体体型的某些不足，展示人体曲线美，具有承托、聚拢、收缩、填充作用的内衣，包括文胸、收腹带、束腰、束身衣等，如图8-5、图8-6所示。

图8-1　内裤

图8-2　棉毛裤

图8-3　睡衣

图8-4　吊带背心

图8-5　连体束身衣

图8-6　收腹带

内衣还可分为普通型和功能型内衣。普通型内衣在市场上较常见，价格低廉，主要起保暖、保护、卫生等作用。功能型内衣强调内衣的舒适性和功能性，如美体、塑身、防护、保健等功能，价位较高。

二、内衣的特征

内衣是穿在最里层的服装，贴身穿着，素有"人体第二皮肤"之称，因此内衣无论从款式结构的设计，还是从面辅料的选择上，都要充分考虑内衣对人体健康的影响。一般来说，内衣要求穿着舒适合体、无过敏反应、无束缚感；不走形，不脱落，给穿着者承托稳定的感觉；能够塑造出理想的身体曲线。

三、内衣面料的选择

内衣是人体的第二皮肤，内衣面料的选择既要考虑穿着舒适性，又必须兼顾人体健康和塑造人体曲线。一般内衣选材的原则是：吸湿、透气、柔软、保暖，具有一定的延伸性和回弹性，易洗、快干、色泽淡雅。不同类别的内衣，在穿着需求方面有较大差异，因此在选材上也各有侧重。

1. 基础内衣

基础内衣的材料要求柔软、吸汗、透气，不但使人穿着感觉舒适，并应能吸附皮肤上的污垢，吸汗后不黏身，衣料上的染料等对身体无刺激，并具有耐洗、耐晒、防霉、防菌等功能。以选择棉绒布、棉针织汗布、棉毛布以及针织拉毛薄绒等为佳。近年来，彩棉、竹纤维、天丝纤维、莫代尔纤维、大豆蛋白纤维等新型纤维面料备受消费者青睐，常被用作内衣面料，如图8-7、图8-8所示。

图8-7　竹纤维内裤　　　　　图8-8　莫代尔内裤

2. 装饰内衣

装饰内衣讲究面料轻薄、柔软、光滑，最好吸湿性、透气性良好，可选用真丝绸类、纱类、缎类织物，搭配花边和刺绣作为装饰，色彩以素净淡雅和柔和的浅色为主，多用小碎花、细条格表现女性的细腻和柔情。

3. 美体矫形内衣

对于具有美体矫形功能的文胸、底裤、束腰等内衣而言，舒适性不再是材料选择的主要考虑因素，而应更加关注承托和聚拢胸部、收紧和挤压脂肪等塑形功能。因此，在文胸、束腰及收腹底裤中，除了贴近皮肤的部分采用纯棉材质之外，弹力锦纶、涤纶针织物和氨纶混纺织物成了获得收身美体效果的必选面料。此外，美体矫形内衣还常使用蕾丝、纱、丝带等装饰性材料以及胶条、钢圈、模杯、海绵等支撑性材料。

4. 居家内衣

居家内衣要使穿着者获得放松、闲适、自然的感觉，因此材料主要以棉质、丝质面料为主，以满足亲肤、舒适的感觉。目前很多居家内衣以舒适的材料、亮丽的色彩和趣味十足的装饰图案成为人们居家生活中必不可少的一道亮丽风景线。

第二节
童装

童装是指未成年人的服装，是婴儿、幼儿、学龄前儿童、学龄儿童和少年儿童着装的统称。童装包括衣服及其服饰配件，体现儿童、衣服、环境三者之间的组合关系，具有实用性和美观性。

一、童装的类别

基于童装的基本形态、品种、用途、制作方法、原材料的不同，各类童装具备不同特点，变化万千，种类繁多。目前童装的分类方法有如下几种：

（1）根据儿童年龄分类的童装：婴儿服、幼儿服、小童服装、中童服装、大童服装，如图8-9~图8-12所示。

图8-9　婴儿服装

图8-10　小童服装

图8-11　安奈儿童装

图8-12　巴拉巴拉女中童服装

（2）根据季节和气候特征分类的童装：春装、秋装、冬装、夏装。

（3）根据组合方式分类的童装：一件式童装、两件套童装、三件套童装、四件套童装等。

（4）按安全类别分类的童装：A类童装、B类童装和C类童装。

（5）按品种分类的童装：衬衫、外套、夹克、大衣、长裤、短裤、背带裤、背心、连衣裙、裙裤、半截裙、毛衣、防寒服、羽绒服等。

（6）按材料分类的童装：丝绸童装、棉布童装、毛皮童装、呢绒童装、化纤混纺童装、羽绒童装等。

（7）按用途分类的童装：儿童日常服装、儿童运动服装、儿童校服、儿童表演服装、儿童礼服等。

（8）按风格分类的童装：休闲风格童装、学院风格童装、民族风格童装、运动风格童装、甜美风格童装、前卫风格童装等。

二、童装的特点

儿童服装种类繁多，其特点各有差异，但总体归纳为以下几点：
（1）服装的款式造型简洁，便于儿童活动。
（2）服装的图案充满童趣，色彩欢快明亮。
（3）服装具有良好的功能性、舒适性。
（4）服装面料具有良好的耐用性能，主要体现为易洗涤、耐磨。

三、童装面料的选择

童装面料强调柔软性、透气性、舒适性、安全及健康性。总的来说，棉、麻、丝、毛类天然、环保面料为童装设计的首选面料，其良好的吸湿透气性和防臭抑菌功能为儿童身体提供了优良舒适的服用环境。

婴儿时期的儿童，身体发育快，缺乏体温调节能力，睡眠时间长，排泄次数多且无自理能力，皮肤娇嫩，因此，婴儿装必须十分注重卫生和保护功能，款式方面要求穿脱方便、宽松舒适，面料选择以柔软轻薄、吸湿性好、透气性好、对身体无害的天然纤维面料为佳，如纯棉纱布、绒布、针织汗布等。

幼儿时期的儿童活泼可爱，对世界充满了新奇感，好动，活动量较大，服装易弄脏、划破。因此幼儿装应穿脱方便、便于洗涤、耐磨耐用，其面料可选择质地结实、耐脏、耐磨且伸缩性好的天然纤维面料。由于此阶段儿童服装洗涤频率高，易洗快干的面料也是较好的选择。夏季幼儿服可选用透气性好、吸湿性强的泡泡纱、麻纱、轻薄牛仔布等；秋冬季宜采用保暖性好、耐洗耐穿的灯芯绒、纱卡其、斜纹布、绒布等。

学龄前期、学龄期的儿童具有一定的自我意识，活动能力强。这一时期应尽量选用轻柔、舒适、耐洗涤、不褪色、不缩水、耐磨性好的天然纤维织物或化纤混纺织物，如质地紧密、结实耐磨的牛仔布和卡其布等。另外，这一时期童装的性别差异明显，可根据男女童装的设计风格和服装品种进行多种面料的合理选择和搭配。

少年时期的儿童无论从生理还是心理都趋向于成熟，他们开始拥有自己独立的着装意识和偏好，最明显的特征是着装开始追求时尚和个性。这一时期服装面料的选择范围非常广泛，但面料的性能要满足学生运动及身体发育的需要。

随着人们生活水平的不断提高，儿童盛装礼服日益普遍。这类外观华美的正装礼服，增添了庄重和喜庆的气氛，有利于培养孩子的文明和礼仪意识。在现代社会中，儿童盛装礼服已越来越受到家长们的重视。女童春、夏季盛装礼服的基本形式是连衣裙，面料宜用丝绒、纱类织物、化纤仿真丝绸、蕾丝布、花边绣花布等。男童盛装礼服类似男子成人礼服，即采用硬挺的衬衣与外套相配合。外套为半正式的双排扣戗驳领西装，下装是长西裤或短西裤。面料多为薄型斜纹呢、法兰绒、凡立丁、苏格兰呢、平绒等，夏季则用高品质的棉布或亚麻布。

第三节
正装

所谓正装，是指正式场合的着装，而非娱乐和居家环境的装束，如西服、中山装、民族服饰等。

一、正装及其特征

通常人们穿着的正装主要包括西装、套装和衬衫等。

（一）西装

西装，一般指西式上装或西式套装。西装是一种"舶来文化"，形成于19世纪中叶，据说源自英国王室的传统服装，被广泛流传于世界各国，现已成为男士必备的国际性正装。

西装根据其款式特点和用途的不同，一般可分为正规西装和休闲西装两大类。正规西装是指在正式礼仪场合和办公室穿用的西装，其主要特点是造型大方、选材讲究、做工精致，能够体现人们高雅、稳重、成功的气质，可以展示人们的职业、身份、品位，如图8-13所示。休闲西装是随着人们穿着观念的变化更新，在正规西装基础上变化的产物，休闲西装由于款式新颖、时髦、穿着随意大方而

图8-13　圣得西男士西装

深受人们的喜爱。

（二）套装

套装即为两件及以上的服装配合成套穿着的服饰形式，有上下衣裤配套、衣裙配套、外衣和衬衫配套的两件套，也有加背心成三件套。过去套装通常由同色同料裁制，后来发展为可使用质地与色彩相呼应的不同面料裁制，使上下装的配套组合具有更多的变化，但套装要求上下装造型风格基本一致，配色协调，给人的印象是整齐、和谐、统一。套装是近年来职业女性穿着广泛的服装，能够体现女性的干练和精悍，如图8-14所示。

图8-14　套装

（三）衬衫

衬衫是男女常用服装之一，穿着十分普遍。衬衫也称衬衣，是穿在人体上半身的贴身衣服，指前开襟带衣领和袖子且袖口有扣的上衣。衬衫根据穿着的场合与用途一般可以分为正装衬衫、休闲衬衫、便装衬衫、家居衬衫和度假衬衫。

正装衬衫一般用于礼服或西服正装的搭配。男士正装衬衫的款式变化不多，设计重点在衣领上，常用的领型有翻领和立领。与男士正装衬衫的稳重大方比较，女式正装衬衫款式繁多，色彩丰富，有端庄文雅的硬翻领衬衫、简洁明快的无领衬衫、秀气脱俗的立领衬衫等。女式正装衬衫比较注重款式的局部变化、装饰和点缀，如花边、刺绣、绳带、烫花等元素的应用，突出设计亮点。

（四）中山装

中山装是孙中山先生在广泛吸收欧美服饰的基础上，综合了日式学生服装与中式服装的特点，设计出的一种直翻领有袋盖的四贴袋服装，并被世人称为中山装。中山装在20世纪广泛流行，一度成为当时中国男子最具代表性、标志性的服装之一。

中山装主要是指上衣，下身为西裤。中山装的造型为立翻领，对襟，前襟五粒扣，四个贴袋，袖口三粒扣，后片不破缝，如图8-15所示。作为礼

图8-15　中山装

服用的中山装面料宜选用纯毛华达呢、驼丝锦、麦尔登、海军呢等面料，这些面料的特点是质地厚实，手感丰满，呢面平滑，光泽柔和，与中山装的款式风格相得益彰，使服装更显得沉稳庄重。而作为便服用的面料，选择相对较灵活，可用棉布、卡其、华达呢、化纤织物以及混纺毛织物。

二、正装的穿着礼仪

（一）西装

西装已逐步发展成为国际通用礼仪服装，穿着合体大方的西装是男士高雅、稳重、职业、身份、品位的象征与体现。西装穿着时一般遵循以下原则：

1. 面料

西装面料多选用纯毛面料或含毛比例较高的混纺面料，这些面料悬垂、挺括、透气，显得比较高档、典雅，以展示穿着者的职业、身份和品位。

2. 颜色

西装一般选用黑色、深蓝、灰色、深灰、藏青色等，适合穿着在正式、商务、宴会等庄重场合，尤其是黑色西装，正式级别最高，可以作为小礼服进行搭配。

3. 图案

男士西装一般是纯色或有暗而淡的含蓄条纹。深蓝色加暗条纹西装被西方人认为是强有力的男士正装西服。

4. 款式

男士常穿的西装有两大类，一类是平驳领、圆角下摆的单排扣西装；另一类是戗驳领、方角下摆的双排扣西装。扣子的扣法通常讲究"扣上不扣下"原则。穿双排扣的西装一般应将纽扣全部扣上；穿单排扣的西装，若是两粒扣则可以扣最上面的一粒或两粒都不扣，三粒扣的则扣中间一粒或都不扣。在正式场合，男士起立时应扣好纽扣，当坐下时，可以将单排扣的纽扣解开。

5. 领带

穿西装一般应配领带，如不打领带，则忌扣紧衬衫的领口。领带的标准打结法是扎实的倒梯形。领带下垂忌过长，粗端下垂至皮带扣，忌露出。

6. 衬衫

穿西装时衬衫下摆要放在西裤腰里，系好领口和袖口。衬衫衣袖要稍长于西装衣袖0.5～1cm，领子要高出西装领子1～1.5cm，以显示衣着的层次。

7. 其他

西装上衣两侧的口袋只作装饰用，不可装物品，否则会使西装上衣变形。西装上衣左胸部的衣袋只可放装饰手帕。

（二）套装

女性在工作场合穿着的套装，款式优先选择翻领套装，颜色要稳重，衬衫与套装的颜色要协调，可适当添加一些点缀，如系丝巾、戴胸花及其他饰品，会让平日里严肃的正装显得更温柔、更女性化。

女士穿着套装一般遵循以下原则：

1. 颜色

明智、实用、正确的选择是基本色，即黑色、灰色、米色、深蓝色、褐色和白色。若是浅色西装外套，如白色、米黄色等，可选择深色衬衫和毛衫搭配。反之，若是深色西装外套，如黑、深蓝色、深咖啡，可选择浅色的衬衫与毛衣搭配。

2. 质地

对于年轻女性，套装的面料不一定十分高档，因为年轻女性应以活泼健康为主，高档质地的面料会限制人的行动，因此可选择混纺类、亚麻类、化纤类产品等。成熟的女性以及白领职业女性可选择高档面料，如羊绒、羊毛面料作为套装的衣料。

3. 场合

现代社会中，女性在职场上扮演着越来越重要的角色，职业女性的衣着以端庄大方为原则。因此，职业套装是永不过时的时装，无论办公、外出旅游、走亲访友，甚至出席宴会，都是最舒适、简便、正式的服装。

套装里面可以穿衬衫、毛衣、背心，搭配裙子或长裤，变化多端，随心所欲，但需有色系的规划才能显出高贵典雅的气质。

（三）衬衫

重要会议、签字仪式、礼仪会见等正式场合与西装配穿的衬衫必须扣上领口扣子，系上领带，以示自尊、端庄的形象。

三、正装面料的选择

随着社会经济的快速发展和人们生活质量的提高，消费者逐步追求时尚、环保、健康。

正装面料的选用一般遵循原则：

（1）面料所用纤维与纱线的种类、结构等与服装档次相符。

（2）男士正装面料强调硬朗、紧密；女士正装注重外在美感、风格。

（3）面料性能与服用性能吻合。

（4）面料色彩图案大方、稳重，符合流行，适用面广。

（一）西装

1. 西装面料总体选择

由于西装的造型要求外形挺括、轮廓鲜明，因此，西装应选用具有挺括感且质地柔韧的面料，一般选用纯毛或含毛比例较高的毛织物，如驼丝锦、贡呢、花呢、哔叽、华达呢、派力司、凡立丁等精纺毛织物及麦尔登、海军呢等粗纺毛织物。另外，随着科学技术的进步，各种化纤仿毛面料在色泽、手感、耐用性方面有较大进步，也可用于西装面料。

2. 西装面料的图案与色彩选择

西装面料的图案相对比较简单。常用的有细线竖条纹，这种条纹多为白色或蓝色，粗条纹或大方格则多见于娱乐场所中。对于色彩的选用，深色系列如黑灰、藏青、烟火、棕色等，常用于礼仪场合穿的正规西装，其中藏青最为普遍。当然，在夏季，白色、浅灰也是正式西装的常用色。

（二）套装

1. 套装面料的总体选择

秋冬季套装一般选用各类精纺或粗纺呢绒面料。精纺呢绒具有手感柔滑、坚固耐穿、光洁挺括的特点，是女套装的理想面料，常用面料有女衣呢、人字花呢等。粗纺呢绒一般具有蓬松、柔软、丰满、厚实、保暖的特点，如麦尔登、海军呢、粗花呢、法兰绒等，适合制作秋冬季的厚型套装。

春夏套装的面料主要为丝、毛及麻织物，毛哔叽、毛凡立丁、单面华达呢、薄花呢、格子花呢是薄型女套装的理想用料。麻类织物所制成的西装风格粗犷、朴实，有返璞归真的寓意，但由于纯麻织物易起皱，穿着不雅观，所以一般选用毛麻、涤麻的混纺织物。

2. 套装面料的色彩选择

女套装色彩一般要求素色，也可有一点肌理、小型花纹。要求上下装面料的质地、性能、手感、厚薄、色彩和花型等方面要相互匹配。

（三）衬衫

1. 衬衫面料的总体选择

正装衬衫是和西装、套装和礼服一起搭配穿着的，通常要求衬衫面料具有透气性好、吸湿性强、柔软、滑爽、穿着舒适、平挺抗皱、易洗快干、易保管等特性。高档衬衫一般选用高支全棉面料、全毛面料、羊绒面料、丝绸面料等，普通的衬衫选用涤棉面料或进口化纤面料，低档衬衫一般选用全化纤面料或含棉量较低的涤棉面料。

男式正装衬衫代表性面料有精梳高支府绸、精纺色织平布、精纺小提花面料、精纺高支毛织物等。女式正装衬衫的面料选择依用途而定，以精梳高支棉、桑蚕丝为主要原料，代表性的面料有精梳高支府绸、软缎、乔其纱、双绉、提花绉等。

2. 衬衫的颜色选择

正装衬衫的颜色一般选用浅淡、柔和的颜色，如浅蓝和白色，也有部分采用竖条、格子和小提花面料。

第四节
礼服

礼服，顾名思义就是人们在正式社交场合穿着的表现一定礼仪并具有一定象征意义的礼仪性服装。

一、礼服的类别

礼服的穿着受时间、地点的制约，不同场合有不同的穿着习惯。礼服按规格档次一般分为正式礼服、准礼服和非正式礼服三种类型；按穿着时间分为晨礼服、昼礼服、晚礼服等。

男士的正式礼服为燕尾服，是夜晚出席重大活动及晚会的礼服，如图8-16所示。男式准礼服又称简礼服，白天为黑色套装，傍晚时多为双排扣或单排扣西服套装，晚间多穿着塔士多礼服，如图8-17所示。非正式

图8-16　燕尾服　　　　图8-17　塔士多礼服

礼服又称无尾礼服、简便礼服，以黑色为主，衬衫、上衣的手巾必须为白色，通常可以在日间穿着，如白天的活动、鸡尾酒会。

女士的礼服品种繁多，正式的礼服应该是无袖、露背的袒胸礼服，奢华气派，质地十分考究，以透明或半透明、有光泽、丝质锦缎、天鹅绒等面料为主。准礼服是正式礼服的略装形式，如鸡尾酒会服、小礼服。日常礼服是在日常的、非正式场合穿用的午服，形式多样，可自由选择。

二、礼服特点

1. 共同性

礼服是人们在一定社会环境下逐渐形成的服装规范，是被社会公众认可的，蕴含着一定历史阶段内人们的生活风俗和审美习性，因此，礼服在款式造型、图案色彩、材料质地、工艺制作、服饰配件等方面均具有一定共同性。

2. 传统性

礼服是人们表现礼仪文化的一种形式，人们穿着的礼服基本上是由传统服装不断丰富、提炼、发展而来的。不论在形式还是穿搭方式，均延续继承了特定民族世代相传的习惯、风俗、寓意及特定的文化内涵。

3. 标识性

礼服对穿着者的身份、等级、职业、宗教信仰等都有着明显的标识及限定作用。历来达官贵人穿着的礼服富丽堂皇、材质奢华、做工精美，以显示穿着者的地位尊贵。

三、礼服面料的选择

1. 婚礼服

婚礼服是新郎新娘举行婚礼时穿着的服装。西式婚礼服通常新郎穿西装，新娘穿婚纱。圆领或立领、收腰、紧身合体的胸衣搭配大而蓬松的拖地长裙，是新娘婚纱的主要造型特征。面料多选择细腻、轻薄、透明的纱、绢、蕾丝或采用有支撑力、易于造型的化纤缎、塔夫绸、山东绸、织锦缎等材料。运用刺绣、抽纱、雕绣镂空、拼贴、镶嵌等工艺装饰手法可使婚纱产生层次及雕塑效果，如图8-18、图8-19所示。

图8-18　婚纱1　　　　　　　　图8-19　婚纱2

2. 晚礼服

晚礼服是下午六点以后穿用的正式礼服，是女士礼服中档次最高、最具特色的礼服样式。晚礼服的特点是无袖，露锁骨、肩、背的一件式长裙，常与外套、斗篷及华丽的首饰整体搭配。

由于晚礼服穿着场合与时间的特殊化，以迎合豪华而热烈的气氛，多采用丝绒、锦缎、绉纱、塔夫绸和蕾丝等闪光、飘逸高贵、华丽、悬垂性能好的面料。

3. 燕尾服

燕尾服是规格最高的男子礼服，是男子在晚六点以后隆重、盛大的场合穿用的男士晚礼服。燕尾服的衣料多采用黑色或深蓝色的礼服呢，也可以选用与西装相近的精纺呢绒面料，重点突出服装的简洁与大方、高贵与正式。

4. 旗袍

旗袍具有浓郁的民族特色，体现着中华民族的传统艺术，是中国和世界华人女性的传统服装，被誉为中国国粹和女性国服。旗袍已经成为中国女性礼服的代名词，它雍容、典雅、华贵，穿着时需注意面料、色彩、款式和配饰的选择，使旗袍与女性的体态、气质达到和谐统一。夏季旗袍多采用真丝双绉、绢纺、电力纺、杭罗等，这些面料品种质地柔软，轻盈不粘身，舒适透凉。春秋季旗袍可采用各种缎和丝绒类，如织锦缎、古香缎、金丝绒、绉缎、乔其绒、金丝绒等，这些面料制作的旗袍能充分表现东方女性的体型美，风韵柔美，华贵高雅，如若在胸、领、襟等处稍加点缀装饰则更为光彩夺目，如图8-20所示。

图8-20　旗袍

第五节
休闲装

休闲装又称便装，主要指非正式场合中穿着的服装，例如日常穿着的便装、运动装、家居装，或把正装稍作改进的"休闲风格的时装"。总之，凡有别于严谨、庄重服装的，都可称为休闲装。它是人们在无拘无束、自由自在的休闲生活中穿着的服装，将简洁自然的风貌展示在人前。

一、休闲装的类别

休闲装按风格可分为前卫休闲装、运动休闲装、浪漫休闲装、古典休闲装、民俗休闲装和乡村休闲装等。

1. 前卫休闲装

前卫休闲装又称时尚休闲装，是当今流行成衣的主流，是充分体现设计风格、设计创意、引导流行方向的服装类别。其特点是大量运用新型面料或创新面料，风格另类、造型前卫，色彩图案独树一帜，以满足新潮人士的小众品位和引导尖端流行的方式竭力体现出品牌风格和设计创意的独到之处。

2. 运动休闲装

运动休闲装具有运动服装和休闲服装的双重功能，常用于一般的户外活动，如旅游、网球、高尔夫球、登山等，表现出健康、闲情逸致、紧张后有意放松的情调和朝气蓬勃、乐观向上的形象特征。运动休闲装的造型松紧适度，色彩明快，舒展自如，性能良好，其造型、功能以及动感历来受到大众尤其是青少年的青睐。

3. 浪漫休闲装

浪漫休闲装以柔和圆顺的线条、变化丰富的浅淡色调、宽宽大大的造型形象、稚嫩可爱的卡通图案、大量运用的蕾丝花边、蝴蝶结、织绣工艺等装饰元素，营造出一种超现实的浪漫氛围和休闲格调。

4. 古典休闲装

古典休闲装构思简洁单纯，效果典雅端庄，强调面料的质地和精良的剪裁，显示出一种古典的美。

5. 民俗休闲装

民俗休闲装巧妙地运用民俗图案和蜡染、扎染、泼染等工艺，有很浓郁的民俗风味。

6. 乡村休闲装

乡村休闲装讲究自然、自由、自在的风格，服装造型随意、舒适，用手感粗犷而自然的材料，如麻、棉、皮革等制作服装，是人们返璞归真、崇尚自然的真情流露。

二、休闲装的特征

休闲服装的本质特点在于"休"与"闲"，具体表现为以下几个方面：

1. 舒适与随意性

进入21世纪以来，人们在紧张的工作学习之余，非常崇尚健康，渴望自由，更加注重服装的舒适性和随意性，突出服装整体设计的人性化。

2. 实用与功能性

实用性与功能性是休闲服装的一个最大特点，如服装在刮风时可以挡风、下雨时可以防水，寒冷时可以保暖；再如多层拉链、防浸水的口袋设计、可放可收的帽子等。因此，适应日常生活和工作学习、旅游、出差、运动等不同功能的休闲服装层出不穷。

3. 时尚与多元性

随着流行趋势的变化，休闲服装采用的面料品种逐渐丰富、多元化，色彩鲜艳亮丽。面料的多元化使休闲装实现了基本实用功能的同时，也保证了服装的时尚性和流行性。

三、休闲装面料的选择

休闲装是人们在非正式场合穿着的舒适、轻松、随意、时尚、富有个性的服装。由于各类休闲装的风格不同，选用面料的要求也有所差异。

1. 前卫休闲装

前卫休闲装是在追求舒适自然的基础上，紧跟时尚潮流甚至前卫的一类休闲服装。这类服装通常是时尚年轻人张扬个性、追求前卫感的主要着装，一般于逛街购物、走亲访友、休闲娱乐等场合穿着。前卫休闲装的面料种类很多，无论是机织面料、针织面料，还是无纺布、裘皮、皮革，以及涂层、闪光、轧纹等经过特殊处理的面料，都可选作前卫休闲装的面料，体现时尚与前卫。

最具代表性的牛仔装以其粗犷、洒脱、随意、舒适、经洗耐穿、色彩自然等特点，给人一种轻松自如、休闲愉快的感觉。纯棉斜纹布粗犷、厚实、坚固，常用作牛仔装衣料。在色彩运用上，蓝色是牛仔布的最原始色彩，通过水洗、石磨洗、漂洗、生物洗等工艺还可形成不同蓝色。随着时代的发展和人们审美情趣的变化，更多的色彩被运用到牛仔面料上。在款式造型上，牛仔装始终采用双线、铆钉、金属拉链、纽扣等工艺，并伴有简洁

图8-21　伊芙丽牛仔服装

图8-22　伊芙丽T恤衫

的拼块分割，表达粗犷、随意、自由的气质，如图8-21所示。

2. 运动休闲装

在快节奏的现代生活中，旅游、户外锻炼已成为人们放松自我、休闲娱乐、享受自然的常用方式，由此出现了集运动和休闲双重功能的运动休闲装。运动休闲装款式造型简单大方，配色鲜明，主要强调服装的运动功能性，面料常用透气、轻薄、保暖、防水的机织、针织面料。

（1）T恤衫。运动休闲装中的T恤衫是人们在各种运动场合和其他休闲场合都可穿着的服装，有短袖、长袖、无袖、有领、无领等款式，给人舒适、随意、潇洒的休闲感，可满足人们崇尚自然、返璞归真的心理要求，如图8-22所示。

T恤衫的所用原料很广泛，一般有棉、麻、丝、毛、化纤及其混纺织物，尤以纯棉、麻或麻棉混纺为佳，具有透气、柔软、舒适、凉爽、吸汗、散热等优点。T恤衫常为针织品，但随着消费者需求的不断变化，市场上出现了机织T恤衫。在机织T恤衫面料中，首选贴肤穿着特别舒适并具有轻薄、柔软、滑爽等特点的真丝面料。此外，还有由人造丝与人造棉交织的富春纺，经特殊处理的桃皮绒涤纶仿真丝绸，经砂洗的真丝绸、绢纺绸都是机织T恤衫选用的理想面料。

（2）羽绒服。羽绒服对面料的要求较严格，其面料应防风拒水、耐磨耐脏，还要能够防止细微的羽绒穿透外飞，因此羽绒服面料一定要结构紧密，经特殊处理。目前羽绒服常用面料为高支高密的机织羽绒布和尼龙涂层面料。

对于质地要求紧密丰厚、平挺结实、耐磨拒污、防水抗风的羽绒服，面料宜选用手感较硬的织物，一般有高支高密的卡其、斜纹布、涂层府绸、尼丝纺，以及各式条格印花布等。

对于质地要求组织细密、轻薄柔软、丰满滑爽、防风拒水、耐磨抗污的羽绒服，面料选用手感较软的织物为好。常用的面料有较高档的高密度防水真丝塔夫绸、纱线粗细为27.8 tex 以上的尼龙塔夫绸、高密度防钻绒布、线呢以及经过涂层轧光的高支高密涤棉府绸和尼丝纺等。

第六节
运动装

体育运动是人类物质生活和精神生活需要逐渐发展起来的一项文化活动。运动服装的出现仅有一百多年的历史，但在世界文化历史长河中起着举足轻重的作用。

一、运动装的类别

运动装主要有两类：一类是专门从事体育运动的服装，也称体育运动服，通常按运动项目的特定要求设计制作，如田径运动服、球类运动服、水上运动服、冰上运动服、举重服、摔跤服、体操服、登山服、击剑服等；另一类是运动型的日常服装，也称运动便装，如日常穿着的T恤、卫衣等。

体育运动服是根据体育运动的特点设计的，要求舒适、柔软，便于运动，穿着自如。由于各项运动的特点不同，因此各种体育运动服的设计各有差异。

1. 田径运动服

田径运动包括长跑、短跑、跳高、跳远、铅球等项目，这类运动是比速度、比高度和比耐力。这类运用服以穿背心、短裤为主，一般要求背心贴体，短裤易于跨步，有时为不影响运动员双腿大跨度动作，还会在裤管两侧开衩或放出一定的宽松度，如图8-23所示。

图8-23　田径运动服

图8-24 篮球运动服

图8-25 跳水运动服

图8-26 滑雪服

2. 球类运动服

球类运动服通常是套头上衣和短裤，球类运动服需放一定的宽松量。篮球运动员一般穿用背心，如图8-24所示，其他球类的则多穿短袖上衣。足球运动服习惯上采用V字领，排球、乒乓球、橄榄球、羽毛球、网球等运动衣则采用装领，并在衣袖裤管外侧加蓝、红等彩条斜线。网球衫以白色为主，女子穿超短连裙装。

3. 水上运动服

从事游泳、跳水、水球、滑水板、冲浪、潜泳等水上运动时，主要穿用紧身游泳衣，又称泳装。男子穿三角短裤，女子穿连衣泳装或比基尼泳装，如图8-25所示。对游泳衣的基本要求是运动员在水下动作时不鼓涨兜水，减少水中阻力，并配戴塑料、橡胶类紧合兜帽式游泳帽。潜泳运动员除穿游泳衣外，一般还配面罩、潜水眼镜、呼吸管、脚蹼等。

4. 冰上运动服

滑冰、滑雪运动服要求保暖，并尽可能贴身合体，以减少空气阻力，适合快速运动，如图8-26所示。一般采用较厚实的羊毛或其他混纺毛纤维针织服，头戴针织兜帽。花样滑冰等比赛项目，更讲究运动服的款式和色彩。男子多穿紧身、潇洒的简便礼服，女子穿超短连衣裙及长筒袜。

5. 举重服

举重比赛时运动员多穿厚实坚固的紧身针织背心或短袖上衣，配以短裤、腰束宽皮带，皮带宽度不宜超过12cm，如图8-27所示。

6. 摔跤服

摔跤服因摔跤项目而异。如蒙古式摔跤穿用皮制无袖短上衣，又称"褡裢"，不系襟，束腰带，下着长裤，或配护膝。柔道、空手道穿用传统中式白色斜襟衫，下着长至膝下的大口裤，系腰带。日本等国家还以腰带颜色区别柔道段位等级。相扑习惯上赤裸全身，胯下只系一窄布条兜裆，束腰带。

7. 体操服

体操服在保证运动员技术发挥自如的前提下，要显示人体及其动作的优美。男子一般穿通体白色的长裤配背心，裤管的前折缝笔直，并在裤管口装松紧带，也可穿连袜裤，女子则穿针织紧身衣或连袜衣，如图8-28所示。

8. 登山服

竞技登山服一般采用柔软耐磨的毛织紧身衣裤，袖口、裤管宜装松紧带，脚穿有凸齿纹的胶底岩石鞋。探险性登山需穿用保温性能好的羽绒服，并配用羽绒帽、袜、手套等。衣料采用鲜艳的红、蓝等深色，易吸热和在冰雪中被识别。此外，探险性登山也可穿用腈纶制成的连帽式风雪衣，帽口、袖口和裤脚都可调节松紧，以防水、防风、保暖和保护内层衣服。

图8-27 举重服

图8-28 体操服

9. 击剑服

击剑服首先注重护体，其次需轻便，由白色击剑上衣、护面、手套、裤、长筒袜、鞋配套组成。上衣一般用厚棉垫、皮革、硬塑料和金属制成保护层，用于保护肩、胸、后背、腹部和身体右侧。

二、运动服装的服用特征

运动服装有别于其他类服装，需要适应运动的特殊要求，满足运动员进行各类运动竞赛的环境需要和观众审美需求，概括起来运动服装具有如下特征：

1. 服装面料的舒适特性

在运动过程中，人体会产生大量的热气和湿气，运动服装必须能及时排除身体的热气和湿气，以保证人体的生理舒适需求。有些户外运动服装面料还需具备防风、防雨、保暖等功能，以便在恶劣环境下保护人体。

2. 服装款式的简洁性

运动服装款式简洁、服饰配件少，以满足人体在运动时减轻身体之外的负载，增加速度和效率。

3. 服装色彩的鲜明性

色彩具有标识性，明度高、纯度高的色彩辨识度高，有助于运动员间相互配合发动进攻；从心理角度分析，红色、黄色纯度高，刺激作用大，使人兴奋，富有激情。色彩鲜明是运动服装的重要特征之一，对运动员的心理能产生巨大的鼓舞作用，有利于运动员之间的战术配合，同时激发观众的情绪。

4. 运动服装的合体性

运动服装的合体性是非常重要的特征，若运动服装不合体，会增加运动员的束缚，影响运动员的速度和风采。

5. 服装结构造型的协调性

运动服装的结构造型要与体育运动环境和运动项目特性相协调。

三、运动装的功能性

从事体育运动的人对于运动形式、目的、需求不同，对运动服装的主要功能需求也不相同。运动服装的功能性主要包括以下几个方面：

1. 保护蔽体功能

体育运动项目很多，部分体育运动具有一定的危险性，这要求运动服装必须具有保护功能，例如登山、滑雪、击剑、赛车等项目，能够适应恶劣的天气和复杂的地理环境，保护运动人员的人身安全。

2. 透湿透气功能

人们在体育运动时会散发大量的热量和汗液，这就要求运动服装透气、透湿、散热性良好，能够确保人体散发的热气可快速透过织物排至体外。

3. 延伸功能

运动服装须具备良好的延伸功能，以满足运动者奔跑、跳跃等大幅度运动的需求。

针对户外运动服装，还要求服装既保暖、轻便，有些还需具备抗菌、抗紫外线、抗静电、抗风、防水等功能。

四、运动装的面料

运动服装面料需要满足人体多功能需求，强调运动舒适性，以舒适坚牢为原则。运动服装常见的有如下几种典型面料：

1. 涤盖棉面料

涤盖棉针织面料是一种涤棉交织的双罗纹复合织物。该织物一面呈涤纶线圈，另一面呈棉纱线圈，通常以涤纶面为正面。涤盖棉针织物集涤纶织物的挺括抗皱、耐磨坚牢及棉织物的柔软贴身、吸湿透气等特点为一体，是运动服的首选材料。

2. 网眼面料

针织网眼面料分为经编网眼和纬编网眼面料两种。通常采用纯棉纱和涤纶纱进行编织，由于这种织物呈现菱形凹凸效应或蜂巢状网眼，透气性好、面料轻薄，外观挺括，尺寸稳定性好，是运动便装、球类运动服装的典型面料和里料。

3. 弹力面料

弹力织物采用氨纶包芯纱线进行织造，具有较好的弹性，穿着舒适，适用于各种运动装、滑雪衫等。

4. 起绒针织布

表面覆盖有一层稠密短细绒毛的针织物称为起绒针织布。起绒针织布手感柔软，质地丰厚，绒面蓬松，轻便保暖，舒适感强，适合制作运动衫裤、冬季绒衫裤等。

5. 防水透湿面料

防水透湿面料可以阻止水分子从外界进入，又允许内部的水汽散发到外界，如Gore-Tex高性能面料。Gore-Tex本身是一层十分薄的膨体聚四氟乙烯薄膜，以夹层方式置于布料中。它的特点是每平方英寸有90亿个微孔，微孔大小只有水滴的二万分之一，但又比水蒸气分子大700倍，这种薄膜足以使汗汽透过，却能阻止外界风雨渗入，拥有超凡的防水透气功能，Gore-Tex面料被广泛应用于生产具有功能性、保护性和时尚感的服装和鞋类产品。

6. 吸湿排汗面料

通过纤维改性、织物结构设计或功能性整理等方式，改变织物对水分的吸收、传递和扩散，能将肌肤表面的汗水和湿汽迅速吸收、传导、扩散至织物表面，并快速挥发到空气中，使衣物保持干爽，人体感觉舒适。吸湿排汗面料穿着舒适、有弹性、重量轻，不仅能够提高运动员的成绩，同时也能获得普通消费者的青睐，被广泛应用于运动服、户外旅游休闲服、内衣等领域。如具有四沟槽的Coolmax纤维面料，能将人体活动时所产生的汗水迅速排至服装表层蒸发，保持肌肤清爽。

7. 负离子纺织面料

在纤维生产或织物印染后整理过程中添加纯天然矿物添加剂——负离子添加剂，它通过与空气、水汽等介质接触而不间断地产生负离子。有实验证明，负离子纺织品使人体体液pH值呈7.4左右的弱碱性，具有一定保健性能。

8. 智能调温面料

智能调温纤维是将相变蓄热材料技术与纤维制造技术相结合开发出的一种高技术产品。含有相变材料的纺织品在外界环境温度升高时，相变材料吸收热量，从固态变为液态，降低了体表温度。相反，当外界环境温度降低时，相变材料放出热量，从液态变为固态，减少了人体向周围放出的热量，以保持人体正常体温，为人体提供舒适的"衣内微气候"环境，使人体始终处于一种舒适的状态。智能调温面料现已广泛应用于内衣、户外运动服装、家居装饰等。

思考与练习

1. 设计一款内衣，根据内衣的服用性能特点和需求正确选择面辅料。

2. 设计一款童装，根据童装的服用性能特点和需求正确选择面辅料。

3. 设计一款正装，根据正装的服用性能特点和需求正确选择面辅料。

4. 设计一款礼服，根据礼服的服用性能特点和需求正确选择面辅料。

5. 设计一款休闲装，根据休闲装的服用性能特点和需求正确选择面辅料。

6. 设计一款运动装，根据运动装的服用性能特点和需求正确选择面辅料。

第九章
服装标志与保养

课题名称：服装标志与保养　　课题时间：2课时

📖 课题内容
1. 纺织品服装标识信息
2. 服装的洗涤
3. 服装材料的熨烫整理
4. 服装的保管

◎ 教学目标
1. 掌握纺织品服装标识正确表示的方法
2. 掌握服装正确洗涤、熨烫和保管方法

教学重点：服装熨烫

教学方法：线上学习

纺织品服装标识信息

在服装的生产、流通、消费和保养过程中，为了维护服装生产者的合法权益，保护服装经销者的正当利益，指导服装消费者的合理消费，对于市场上销售的服装，服装生产者有义务以规范的形式对其服装产品进行正确地标识，如准确标明服装号型、保养说明和纤维含量等，以利于服装经销者认知产品，帮助服装消费者了解服装产品，从而能够正确地消费和保养服装。

一、服装纤维含量的标识

服装纤维种类及其含量是服装标识的重要内容之一，也是消费者购买服装制品的关注点。因此，正确标识服装产品的纤维名称及纤维含量，对保护消费者的权益、维护生产者的合法利益、打击假冒伪劣产品、提供正确合理的保养方法等有着重要的实际意义。

国家标准《消费品使用说明　第4部分：纺织品和服装》（GB 5296.4—2012），对纺织品和服装的使用说明提出了具体要求。国内市场上销售的纺织品（包括纺织面料与纺织制品）和服装以及从国外进口的纺织品和服装的纤维含量表示都适用此标准。

（一）纤维名称的标注

纤维名称一般可分为以下两种情况。

（1）天然纤维名称的标注，采用GB/T 11951—2018《天然纤维术语》中规定的名称和定义，化学纤维名称采用GB/T 4146.1—2020《纺织品化学纤维　第1部分：属名》中规定的名称，羽绒羽毛名称采用GB/T 17685—2016《羽绒羽毛》中规定的名称。

（2）对国家标准或行业标准中没有统一名称的纤维，可标为"新型（天然、再生、合成）纤维"，目前已有的部分新型纤维的名称可参照FZ/T 01053—2007附录C。纺织纤维含量的标注应符合FZ/T 01053—2007。

纤维名称的标注，既不应使用商业名称标注，也不允许用外来语等标注，还要注意纤维名称不应与产品名称混淆。如仿羊绒产品，其纤维含量应标明其真实的纤维种类，例如，羊毛仿羊绒标为羊毛、腈纶仿羊绒标为腈纶，而不能标羊绒。

（二）纤维含量的表示

1. 纤维含量的计算

某种纤维的含量是指织物中该纤维的重量占织物总重量的百分比（%）。

纯纺产品，通常指某一纤维含量占100%的纺织产品，但某些产品也允许混用少量其他原料。非纯纺产品，由两种或两种以上纤维组成的混纺或交织的产品，按照纤维含量递减的顺序列出纤维名称和对应的含量。如某涤棉混纺织物面料，重量为50.18克，其中含有涤纶32.59克，棉纤维17.59克，则涤纶含量为65%，棉纤维含量为35%，可表示为涤纶65%，棉35%。

2. 纤维含量的标注

（1）纯纺织物。一般指由同一纤维加工制成的纺织品和服装，其产品的纤维含量标识为"100%""纯"或"全"。比如可表示为：

| 100% 棉 | 或 | 纯棉 | 或 | 全棉 |

（2）混纺或交织织物。通常按照纤维含量递减的顺序，列出每种纤维的名称，并在每种纤维名称前列出该种纤维占产品总体含量的百分比；含量≤5%的纤维，可列出该纤维的具体名称，也可以用"其他纤维"来表示。产品中有两种及以上含量各≤5%的纤维且总量≤15%时，可集中标为"其他纤维"。比如可表示为：

| 羊毛 | 95% |
| 其他纤维 | 5% |

| 涤纶 | 55% |
| 黏纤 | 45% |

（3）由地组织和绒毛组成的纺织品和服装。对于这类产品，应分别标明产品中每种纤维的含量，或分别标明绒毛和基布中每种纤维的含量。比如可表示为：

绒毛	腈纶	100%
基布	涤纶	50%
	棉	50%

（4）有里料的纺织品和服装。含有里料的产品应分别标明面料和里料的纤维含量。比如可表示为：

| 面料：80%羊毛/20%涤纶 |
| 里料：100%涤纶 |

（5）含有填充物的纺织品和服装。对于含有填充物的产品，应标明填充物的种类和含量。羽绒填充物还应标明含绒量和充绒量。比如可表示为：

里/面料：65%棉/35%涤纶

填充物：100%羊毛

面料：80%棉/20%锦纶

里料：100%涤纶

填充物：灰鸭绒（含绒量80%）

（6）由两种或两种以上不同质地的面料构成的单件纺织品或服装。对于由两种或两种以上不同质地的面料构成的单件纺织品或服装，应分别标明每个部位面料的纤维名称及含量。比如可表示为：

前片：65%羊毛/35%腈纶

其余：100%羊毛

红色：100%羊绒

黑色：100%羊毛

二、服装使用信息的标识

（一）服装产品的使用说明

服装产品的使用说明是服装生产者或经销者向服装消费者出示的产品规格、产品性能、使用方法等使用信息，多采用吊牌、标签、包装说明、使用说明书等形式。

根据我国的国家标准，规定产品使用说明能够使消费者清楚地认知产品，了解产品的性能和使用、保养方法。如果没有使用说明，或因使用说明编写不规范，或使用说明信息量不足甚至有误，而给消费者造成损失时，生产或经销部门应承担相应责任。因此，生产或经销者在经销产品时必须提供规范的使用说明。

（1）服装产品使用说明的形式。一般采用缝合固定在产品上的耐久性标签、悬挂在产品上的吊牌、直接将使用说明印刷或粘贴在产品包装上和随同产品提供的说明资料四种方法。

（2）服装产品使用说明的内容。标签是向消费者传递产品信息的说明物。标签标注规定的内容较多，如厂家名称和地址、产品名称、洗涤说明、纤维含量、产品标准等，并且规定了标签形式、悬挂或粘贴位置等。

厂家可根据产品特点自行选择使用说明的形式，但产品的号型或规格、原料的成分和含量、洗涤方法等内容按规定必须采用耐久性标签。其中原料的成分和含量、洗涤方法宜组合标注在同一标签上。

耐久性标签的位置要适当，通常是服装号型或规格等标签可缝在后衣领中部。其中大衣、西服等也可缝在门襟里袋上沿或下沿；裤子、裙子可缝在腰头里子下沿；衣衫类产品的原料成分和含量、洗涤方法等标签一般可缝在左侧缝中下部；裙、裤类产品可缝在腰头里子下沿或左边裙侧缝、裤侧缝上部；围巾、披肩类产品的标签可缝在边角处；领带的标签可缝在背面宽头接缝处或窄头接缝处；家用纺织品上的标签可缝在边角处。

（二）使用说明的图形符号

不同的国家对服装使用说明的标识表示和标识内容不尽相同。为了规范我国的服装使用说明的标注方法，我国国家标准GB/T 8685—1988规定了服装使用说明的图形符号及其含义。

第二节
服装的洗涤

服装材料在纺织染整、商品流通、裁剪缝制和日常穿着中必然形成脏污。服装材料上的脏污不仅影响美观，还会影响穿着效果和人体健康，甚至缩短穿着寿命，去除脏污的方法就是洗涤。

一、服装污垢

按污垢来源，可分为身体分泌的污垢和外来沾染的污垢。身体分泌的污垢有汗液、皮脂和表皮角质等，常附着于内衣上，用肉眼不易明显地看出来，但确实存在，尤其在领口、袖口较明显；外来沾染的污垢主要来自大气中浮游的灰尘和工作场所的污染，如煤矿工作服上的煤灰、机械工人工作服上的油污、厨师工作服上的油渍、手术衣服上的血渍等，经常沾附在外衣上。服装的污垢是由多种污垢复合而成，增加了洗涤的难度。

根据污垢的种类，大体可分为水溶性污垢、固体颗粒污垢、难溶性有机污垢、微生物污垢和油溶性污垢。水溶性污垢，如大多数无机盐、糖类等，在水中即能溶解。只需要适当升高温度并给予搅拌力度，污垢便很容易清除。固体颗粒污垢指尘埃颗粒物附着在衣物表面后，随着时间的增长，形成尘垢。尘垢主要是由无机化合物组成，如沙尘、煤灰、水泥、金属氧化物等，它们都难溶于水，但是通常情况下带有正电荷或者负电荷，大多数会在表面活性剂的作用下被清除。难溶性有机污垢如蛋白质、血渍、汗渍等，这些污垢难溶于水，但可以被水所溶胀。有的还可以和纤维形成化学键，增大了洗涤难度，只是用物理方法或溶解方法很难清除。还有有机化合物染料、颜料等，难以用水洗净，可以用有机溶剂将其溶解。微生物污垢指的是受到细菌、真菌、病毒等微生物的污染后形成的污垢，衣物上发霉就属于真菌污染，随着时间推移会形成霉斑。这些微生物需要用消毒液消毒，或者用射线照射、高温处理使其彻底消除。油溶性污垢包括胆固醇、脂肪酸、动植物油类和皮脂等。油溶性污垢容易粘附在衣物纤维表面，并在表面铺展开，这类污垢不易溶解于水中，较易溶于醇、醚、酯类有机剂溶中，在表面活性剂的存在下可以去除一部分，但是有一部分仍留在纤维上。

二、洗涤剂

（一）水洗洗涤剂

衣用洗涤剂是一类以表面活性剂和助洗剂为主要成分的混合物。其中，表面活性剂是主要洗涤成分，而助洗剂是一类对洗涤剂有增效作用的成分，如抗沉淀剂、漂白剂、荧光增白剂、酶、填充剂等。不同的洗涤成分在洗涤中的作用机理各不相同。表面活性剂是洗涤剂最主要的洗涤成分，在衣用洗涤剂中的作用主要体现在三个方面，即增溶作用、润湿作用与乳化作用，而其作用的机理是在污垢和基底表面进行吸附，也就是说吸附作用是表面活性剂在衣用洗涤剂中发挥洗涤去污效果的核心关键。衣用洗涤产品主要包括洗衣粉、肥皂、洗衣液和皂粉四个类型。

1. 洗衣粉

洗衣粉是一种碱性的合成洗涤剂，去污力强、溶解性能好，洗衣粉的主要成分是阴离子表面活性剂烷基苯磺酸钠，少量非离子表面活性剂、硅酸盐、元明粉、荧光剂、酶等。直链烷基苯磺酸钠盐（LAS）具有良好的水溶性、较好的去污性和泡沫性，它的作用是减弱污渍与衣物间的附着力，在洗涤水流以及手搓或洗衣机的搅动等机械力的作用下，使污渍脱离衣物，从而达到洗净衣物的目的。洗衣粉因其使用方便、价格便宜受到了大众的青睐，是我国主要的洗涤产品之一。但长时间使用洗衣粉会使衣服发灰发黄，白色衣物最为明显。由于洗衣粉呈弱碱性，因此更适合洗涤棉、麻、化纤及混纺织物，不适合洗涤毛、丝绸等衣物。由于毛、丝绸等衣物中含蛋白质，洗衣粉成分会损伤衣物。洗衣粉在温水中的洗涤效果比冷水好，在温水中溶解均匀，表面活性剂可发挥更大功效。水温以30~60℃为宜。

洗衣粉种类日益增多，性能也不尽相同。由于禁磷法规、成本等原因所限制，含磷洗衣粉已基本退出国内市场，无磷洗衣粉的市场份额已在80%以上。生物酶制剂由于能够有效提高织物上污物的去除率，越来越被消费者所认可，广泛用于国内洗衣粉配方中。在洗衣粉中加入碱性蛋白酶生物催化剂，能"消化"顽固的蛋白质类污垢，如血渍、奶渍、草渍等，还能去除异味。酶是一种热敏性物质，温度是影响酶活性的一个重要因素。因此，使用加酶洗衣粉洗涤水温应控制在40℃左右，不可用60℃以上的水泡洗衣粉，以免酶制剂失去活性，影响去污效果。加酶洗衣粉也不能用来洗涤毛、丝绸类含蛋白质纤维的织物，因为酶能破坏蛋白质纤维的结构。

2. 肥皂

肥皂的主要成分为硬脂酸钠，由天然油脂经皂化反应生成的，肥皂还含有松香、水玻璃、香料、染料等填充剂。从结构上看，在硬脂酸钠的分子中含有非极性的憎水部分（烃基）和极性的亲水部分（羧基）。憎水基具有亲油的性能。在洗涤时，污垢中的油脂被分散成细小的油滴，与肥皂接触后，硬脂酸钠分子的憎水基（烃基）就插入油滴内，靠分子间作用力与油脂分子结合在一起。而易溶于水的亲水基（羧基）伸在油滴外面，插入水中。这样油滴就被肥皂分子包围起来，分散并悬浮于水中形成乳浊液，再经摩擦振动，就随水漂洗而去，这就是肥皂去污原理。肥皂的去污力强，且生物降解性好，对人体无毒副作用，对环境无污染。但是它在硬水中与钙、镁离子发生置换反应会形成皂垢，皂垢粘附在衣物上，使被洗涤衣物板结，并在洗涤用具上形成污垢。

3. 洗衣液

近年来我国的洗衣液市场发展迅猛。洗衣液是一种液态的衣物洗涤剂，成分与洗衣粉相似，适合洗涤内衣、被褥床单等重垢织物。它的水溶性好，冷水中也能迅速溶解，充分地发挥作用。洗衣液中常加入低泡的非离子表面活性剂，因此较易漂洗。相对洗衣粉来说，洗衣液碱性较低，性能较温和，不损伤衣物，使用更方便；洗衣液一般选用耐硬水的非离子表面活性剂，在软硬水中都有效；因可制成中性的洗衣液（如丝、毛洗衣液等），碱性低，故可用于洗涤丝绸、毛等纤细织物，洗出的衣物对皮肤刺激也较小。尽管洗衣液价格较高，但与洗衣粉相比其使用方便、溶解迅速、碱性低、更加温和亲肤等优点赢得了消费者的青睐。

4. 皂粉

普通洗衣粉中的表面活性剂，一般是以石油为原料合成而来，而皂粉的主表面活性剂则由天然油脂经简单皂化而来，由于主表面活性剂的不同，产品的特性也表现出较大的差异。与洗衣粉相比，洗衣皂粉通常具有更好的柔顺效果、有效减少衣物损伤、洗衣时泡沫少、易漂清等优点。皂粉对水要求较低，即使在低温和高硬度水中仍然表现出优良的洗涤性能。皂粉更适合用于手洗贴身衣物、婴幼儿的衣裤和尿布等。

（二）干洗剂

干洗是指使用化学溶剂对衣物进行洗涤的一种方法。迄今为止，所用的干洗剂有石油溶剂干洗剂、四氯乙烯干洗剂、液态二氧化碳干洗剂和氟里昂溶剂干洗剂四类。

1. 石油溶剂干洗剂

石油溶剂（石油分馏物）是干洗的起源物质。早期使用的有煤油、汽油及苯酚等。因其易燃易爆，安全系数低，且苯及其衍生物有致癌风险而被其他溶剂取代。到了20世纪90年代，日本、韩国等发达国家又开发出了新一代的石油干洗剂（如DF2000和D40等）。它们是石油在120～160℃分馏得到的烃类溶剂，其中化学成分主要是烷烃、环烷烃、芳香烃三类。虽然提高了引火点，但其安全性仍是人们所关注的，且石油溶剂有洗净度低、溶剂回收困难、全封闭干洗机价格高等弱点。

2. 四氯乙烯干洗剂

四氯乙烯（PCE或PERC）是20世纪30年代开始使用的干洗剂，四氯乙烯干洗剂具有去油污效果好、不褪色、不串色、不变形、无异味、不损伤衣料及有机玻璃纽扣、洁净度比较高、不易燃易爆、腐蚀性较弱的优良性能，时下还没有哪种干洗剂可替代。因此，目前在干洗业中，世界各国仍以四氯乙烯干洗剂为主。但其仍有一定的毒性，会对土壤和水质造成污染，所以要求干洗机具有一定的密封性和作用上的控制。

3. 液态二氧化碳干洗剂

美国休斯环保中心和洛斯阿拉姆实验室最先推出二氧化碳专用干洗机，它最早用于太空，也是目前新开发的最好的干洗溶剂之一。它是利用二氧化碳的两态变化，添加必要的助剂进行衣物洗涤。实践证明，使用液态二氧化碳进行衣物洗涤可以有效去除各种污垢，包括油脂性污垢，甚至有些特殊的污垢都能除去。但是，如果应用到实际当中去，需要解决的问题还很多，如二氧化碳两态转化需要在高压容器中进行，所以洗涤腔必须承受很大的压力。液态二氧化碳的输送和循环需要高压泵进行添加剂的投放等问题还有待进一步解决。

4. 氟里昂溶剂干洗剂

20世纪60年代人们开发三氯三氟乙烷（$C_2Cl_3F_3$）为代表的溶剂，也叫氟里昂溶剂。

由于它的表面张力较小，所以对油脂类污垢溶解性较好，它对金属材料无腐蚀性，而且它具有不可燃性，又无毒，沸点较低，回收耗能较少，衣物免遭高温烘干，因此它是一种比较好的干洗溶剂。但在20世纪80年代因发现其对南极臭空洞负有责任，根据蒙物利尔协定被禁止。

三、洗涤方法

洗涤根据所采用的溶剂不同分为干洗（溶剂为有机溶剂）和水洗（溶剂为水）。

（一）干洗

干洗也称化学清洗法。即利用有机溶剂如汽油、三氯乙烯、四氯乙烯、四氯化碳、酒精等将衣物上的污垢溶解并挥发，从而达到洗涤清洁的作用，整个洗涤过程不需用水。

干洗法主要用于湿水后易缩水、变形、褪色及质地精致、细薄易受损的面料和服装。若服装的衬料、里料及其他辅料不可湿水，也应采用干洗。如纯毛西装、西裤、套裙、大衣；真丝、人造丝的织锦缎、软缎、丝绒、塔夫绸等面料的服装及领带、丝绵服装、皮革服装等。干洗对于各种油溶性污垢有特殊去除作用，具有水洗所达不到的效力。经干洗的服装不变形、不褪色，能保持材料原有的质地和色泽，解决了高档服装不能水洗的问题。干洗法也有不足之处，如对于一些水溶性污垢去除不彻底，浅色较脏服装不易洗净。有些干洗剂属易燃品，或有毒性，对环保不利。通过对干洗剂和干洗设备的改进，绿色干洗将成为发展趋势。

（二）水洗

1. 水洗概述

水洗也称湿洗。顾名思义就是用水洗涤。水洗是以水为载体，其作用是溶解可溶性污渍、分散不易溶解的污渍，并作为介质传递洗涤作用力，同时加以洗涤剂、机械力和温度的作用去除污垢。一般面料服装均可采用水洗，方便易行，适合家庭洗涤。日常水洗主要是手洗和机洗，也可手洗和机洗相结合。机洗也就是用洗衣机洗涤，省时省力，将人从繁重的劳动中解脱出来，特别是一些厚重型的服装和经常洗涤的服装，如牛仔装、工作装、羽绒服以及经常换洗的棉毛衫裤、内衣裤等。轻薄易损的丝绸、易缩绒变形的纯毛服装、羊毛衫、羊绒衫，水洗强度较低的精致的人造纤维面料等不宜机洗，最好采用手洗。若一定要采用机洗，应柔和、宽水、短时洗涤，以保证面料完好无损。手洗相对温和些，对于脏污程度不同的服装和部位可区别处理。

水洗去污的机理就是衣物的污垢在洗涤剂作用下润湿、乳化、分散、增溶的过程。一般的洗涤过程是在洗涤机械力的作用下，使附着于基质上的污垢分散到介质中，其中洗涤剂的作用是使污垢更易于从基质上脱离并稳定地悬浮于介质中，不再沉积回基质上。

洗涤是一个复杂的过程，许多因素如织物种类、污渍性质、水质、洗涤温度和时间等，都会对去污效果造成影响，其影响洗涤效果的主要因素有水质、洗涤温度、洗涤时间、机械力。水质是影响洗涤的一个重要因素。水中所含的钙镁离子以及重金属（俗称"硬水"）会降低洗涤液的去污效果。洗涤温度能够影响去污的效果。洗涤温度升高，热运动加剧，纤维膨胀，污垢与纤维的结合力变弱，去污容易；升高温度，能加快粉状洗涤剂的溶解速度，有利于洗涤剂更好地发挥去污作用；有些洗涤剂中含有酶，酶发挥最大活力需要适宜的温度；有的污垢，如血渍和蛋白质，在高温条件下会发生凝固，结合得更牢固，反而不易去除。因此，适宜的洗涤温度才能获得良好的洗涤效果。在洗涤过程中需要一定时间才能完成物理、化学反应。洗涤时间过短，去污效果不佳；洗涤时间过长，会使织物受损同时也对资源造成浪费，并且也有可能让已经去除的污渍重新沾污到织物上。洗涤衣物时，无论是手工揉搓还是洗衣机滚筒的转动、摩擦产生的机械力，都是不可或缺的洗涤条件。机械力作用弱无法达到去污效果，机械力作用太强会对织物造成损伤，故洗涤需要合适的机械力。机器洗涤的机械力是洗衣机滚筒按照规律间隔做正反方向的转动，滚筒内的织物、水、洗涤剂随着滚筒转动而导致织物与织物间摩擦、织物与桶壁间摩擦以及洗涤液与织物相互冲击，机械力作用促使污渍脱离织物进入洗涤液中，最后随污水排出。

2. 水洗要点

（1）洗前准备。首先除去附属物，如易脱落的纽扣、装饰物等，然后进行检查分类，按照衣料的原料、组织、颜色、脏净、色牢度、厚薄等分开，根据不同的情况采取不同的洗涤方法。

（2）浸泡预洗。洗涤前最好把衣物放在冷水中浸泡一会儿，可使附着于衣料表面的尘垢和汗液脱离，进入水中。同时水分子可充分渗透到织物内部，将组织间隙中的污垢挤至布面，便于去除，从而提高洗净率。浸泡预洗还可以发现一些水洗牢度较差，易脱色的织物。浸泡时间随具体服装和面料而定。蚕丝、黏胶纤维织物、深色及印花棉、丝织物浸泡时间应短，一般为 5～10 分钟。一般化学纤维织物浸泡时间可长些，15 分钟左右。

（3）洗涤。洗涤是采用前面讲述的各种水洗方法，通过洗涤剂的去污作用将衣物洗净的过程。洗涤要做到"三先三后"，即先浅色后深色，先小件后大件，先比较干净者后比较脏者。用洗涤剂洗净后，再用清水反复漂洗，彻底清除织物中的洗涤剂和残留的脏污。

（4）脱水。漂洗干净后可用手绞、压干、甩干、吸干等方法脱水。易变形、易破损的黏胶纤维织物、高档羊毛织物、轻薄的真丝织物勿用力拧绞，可甩干脱水或自然沥水。对于免烫的化学纤维及化学纤维混纺衣料，甩干易造成不平展，最好挤除或压干脱水，展平后悬挂干燥。

（5）干燥。干燥方式影响织物的质地和穿着。过去一般采取日光曝晒，但日光对某些织物的强度、手感、光泽、颜色等都有损伤，特别是真丝、羊毛、锦纶、丙纶等织物。

科学的干燥方式为：

①悬挂。质地较轻、不易变形的衣物可用衣架撑挂，或衣夹夹挂。厚重衣物要选择承重性大的衣架或衣夹，易变形的衣物可平摊，也可装入网袋内至半干再悬挂。

②晾晒或阴干。棉、麻、腈纶衣料可直接日晒，但勿长时间曝晒。真丝、羊毛、锦纶等衣料应在通风处阴干。较厚的夹衣应内外层翻转干燥，若日晒，要将耐晒性好的一面朝外，干燥环境应清洁干爽。

③预整理。衣物晾至半干可进行一次预整理，将衣料轻轻拉伸平展，便于熨烫整理。

四、国际标准洗涤、干燥标识

随着服装材料运用的多元化和新型化，以及人们对正确穿着、使用、保养服装等方面认识的不断提高，洗涤、干燥说明已成为服装必不可少的内容。国际上将上述方面的使用、操作方法、注意事项以通用、直观的图形符号来表示，也就是通常所说的洗涤、干燥和熨烫标识。这些标识多钉在服装的侧缝内、衣领内侧或印在包装袋上，也可印在标牌上配挂在服装的某一部位，使穿着者掌握正确的使用、保养方法。表9-1是国际标准洗涤、干燥标识，分为"水洗""漂白""水洗后干燥""干洗"四个部分。

表9-1 国际标准洗涤、干燥标识

中文名称	英文名称	图形符号	文字说明
水洗	Washing	60	最高水温60℃，机械作用常规；常规冲洗；常规脱水
		60	最高水温60℃，机械作用轻柔；常规冲洗；小心脱水
		40	最高水温40℃，机械作用微弱；常规冲洗；小心脱水、勿拧绞
			只可手洗，不可机洗；最高水温40℃；小心处理
			不可水洗

中文名称	英文名称	图形符号	文字说明
漂白	Bleaching	△　　△CL	可以氯漂；仅在冷稀释液中进行
		⧓　　⧓CL	不可氯漂
水洗后干燥	Drying after washing	⊡	可翻转干燥
		⊠	不可翻转干燥
		（悬挂符号）	悬挂凉干
		（滴干符号）	滴干
		（平摊符号）	平摊凉干
		（阴干符号）	阴干
干洗	Drycleaning	Ⓐ	可使用 A 型干洗剂
		Ⓟ	可使用四氯乙烯、石油类干洗剂，常规干洗
		Ⓟ̲	可使用四氯乙烯、石油类干洗剂，缓和干洗
		Ⓕ	只能用石油类干洗剂
		⨂	不可干洗

服装材料的熨烫整理

熨烫是利用织物湿热定形的原理，以适当的温度、湿度、压力、时间等来改变织物的密度、形状、式样、结构及表面状态的工艺过程，也是对纺织材料进行预缩、消皱、热塑和定形的过程。熨烫主要分三个过程：第一是加热过程，即是纺织材料通过加热使得大分子链段间作用力迅速被减弱或拆散，内应力发生松弛，力学机械性质发生改变；第二是外力过程，即是在外力作用下，大分子在新的位置上迅速重新形成新的分子间键和再结晶，柔性材料发生形变；第三是稳定的过程，该过程是通过冷却或干燥将大分子的新键及新位置固定下来，使性态得以稳定。服装在裁剪前、成衣中、成衣后及洗涤后都需经过熨烫，使衣料挺括平整，使服装具有稳定的造型和尺寸，或形成稳定褶裥。

由于熨烫在缝纫工序及成品服装造型中的重要作用，决定了熨烫设备的多样性。从熨烫机理来分，工业熨烫设备可分为熨制设备、压制设备、蒸制设备。熨制设备是指加热体沿着加热件表面移动时加压的设备，如电熨斗、蒸汽熨斗以及抽湿烫台等。压制设备是指加热件夹在加热体之间加压的设备，如各类压烫机以及附属的各类烫模等。熨制设备与压制设备常适用于平烫，能够烫平褶皱，但易造成服装毛面或纤维倒伏。蒸制设备是利用高温蒸汽喷吹加热件的设备，如立体熨烫机。立体整烫是集温度、湿度、时间三种控制技术于一体的三维整烫技术。它用高温高压蒸汽喷吹服装，使服装只受张力而不受压力，其表面纤维不倒伏，衣服平整、丰满、匀称，造型性和立体感强，适用于各种服装。

目前家用熨烫设备以平板电熨斗与挂烫机为主，熨烫操作作用于衣物特定部位褶皱，操作比较烦琐，目前，家用熨烫设备往往通过改变蒸汽压力或升级熨烫底板来提高熨烫的效率。一些较大的家电企业对家用熨烫设备进行了创新与研发，开始涉及护理设备的开发和研究，衣物护理机区别于传统的熨烫设备，将衣物置入护理机设备，可在一定时间内完成除皱、烘干等程序。熨烫过程在封闭式箱体中进行，不仅能提高蒸汽利用率，且便于自动化操作的开展，简化熨烫操作。

熨烫的原则是既要获得良好的造型效果，又要保证服装完好无损。熨烫效果的好坏取决于温度、湿度、压力、时间和冷却等因素，这些因素相互联系作用，构成熨烫的全过程。

一、熨烫的温度

熨烫既然是热定形，那么温度在熨烫过程中就起着主要作用，是影响定形效果的主要因素。熨烫温度是指蒸汽和烫板的温度。蒸汽的热量随着蒸汽传递到熨烫的织物中，使织物温度升高，达到形变的温度。烫板温度同理，也是通过烫板的温度将热量传递到接触的面料中。在实际生产中，蒸汽熨烫分两种方式，一种是用蒸汽直接加热进行熨烫，另一种是蒸汽更多是给湿，熨烫温度通过烫板来达到。一般来说，熨烫效果与温度呈正比，即温度愈高，定形效果愈好。温度过低，水分不能汽化，无法使纤维中的分子产生运动，达不到熨烫的目的。但温度过高，超过纤维的承受范围，会引起织物收缩、熔融、炭化或燃烧。因此关键是根据纤维的种类掌握适宜的温度。同时也要考虑：同类原料的织物，厚型比薄型熨烫温度高；纹面类比绒面类熨烫温度高；湿烫比干烫温度高；服装的省、缝部位比一般部位熨烫温度高等。对于混纺或交织织物，熨烫温度应根据其中耐温性较低的一种纤维而定。表9-2所示是各类纺织纤维织物在不同情况下适宜的熨烫温度，可供参考。所谓"危险温度"是指在这个温度下直接熨烫30秒后，织物强力下降10%，变色程度已可由肉眼辨识。

表9-2　各类纺织纤维织物熨烫温度

纤维名称	直接熨烫温度（℃）	垫干布熨烫温度（℃）	垫湿布熨烫温度（℃）	危险温度（℃）	蒸汽烫（℃）
麻	185 ~ 205	200 ~ 220	220 ~ 250	240	
棉	175 ~ 195	195 ~ 220	220 ~ 240	240	
羊毛	160 ~ 180	185 ~ 200	200 ~ 250	210	
桑蚕丝	165 ~ 185	190 ~ 200	200 ~ 230	200	
柞蚕丝	155 ~ 165	180 ~ 190	190 ~ 220	200	不可喷水
黏胶	160 ~ 180	190 ~ 200	200 ~ 220	200 ~ 230	
涤纶	150 ~ 170	180 ~ 190	200 ~ 220	190	
锦纶	125 ~ 145	160 ~ 170	190 ~ 220	170	
维纶	125 ~ 145	160 ~ 170	不可	180	不可喷水
腈纶	115 ~ 135	150 ~ 160	180 ~ 210	180	
丙纶	85 ~ 105	140 ~ 150	160 ~ 190	130	

纤维名称	直接熨烫温度 （℃）	垫干布熨烫温度 （℃）	垫湿布熨烫温度 （℃）	危险温度 （℃）	蒸汽烫 （℃）
氯纶	45 ~ 65	80 ~ 90	不可	90	
氨纶	90 ~ 100				130

掌握和控制熨斗的温度十分重要。自动调温熨斗有温度调节装置，注明"麻""棉""合纤"等字样，应根据织物种类调至相应温档。每档具体温度大致是：低档温度40~60℃，合成纤维85~110℃，丝115~150℃，毛150~170℃，棉180~230℃，麻220~240℃，高档温度270~300℃。

二、熨烫的湿度

湿度的作用就是通过水分子进入纤维内部分子之间的空隙中，使得分子间的作用力减小，使纤维分子之间容易产生相对移动，湿态的纤维在高温下更容易发生形变。而蒸汽熨烫中主要通过高温的蒸汽输送给织物足够的水分，使其较易进行定形。因此织物含有一定水分进行熨烫，定形效果较好，特别是毛织物和折痕明显的棉、麻、黏胶织物采用湿热定形，快速而见效。但并非所有材料都可湿热定形，柞蚕丝喷湿熨烫会产生水渍，维纶湿热情况下会发生收缩。

给湿方法有直接喷水、垫湿布、蒸汽熨斗给湿，给湿与加热同时进行。成衣整体模型整烫也是给湿与加热同时进行的，使用方便，快速高效。喷水、垫湿布给湿的均匀性不及蒸汽熨斗，操作时应注意。给湿量的多少视材料的类别和厚薄而定，厚型衣料给湿量可多些，以垫湿布烫为好，但水分过多也会影响熨烫速度和效果，有时服装已烫平，但水分未完全蒸发，面料还会折皱不平。适当的水分还可使不耐高温的化学纤维织物受热均匀，既保护面料，又可定形持久。

在日常生活中，洗涤后的服装可在晾至八九成干时，不加湿直接熨烫或垫干布熨烫，同样可起到湿热定形的作用。

三、熨烫的压力

温度和湿度是熨烫定形的重要条件，除此之外，加上一定的压力，可迫使织物伸展或弯折成所需形状，使构成织物的纤维朝一定方向移动，一定时间后，纤维分子在新的位置上固定下来，即达到定形的目的，从而使织物平整或形成褶裥等。

　　熨烫中的压力，主要指熨斗自身重量加上操作时附加的压力和推力。压力的大小应根据具体织物的特点和服装的部位决定。需平整光亮的织物用力可大些；紧密纹面类织物易产生极光，压力要小；厚重织物、折痕明显的织物需用力压磨；毛绒类、起绒类、绉类、泡泡类织物压力宜小，最好蒸汽冲烫，以免绒毛压倒或泡泡、绉纹压平；细薄的丝绸用力要轻。服装的领、肩、兜、前襟、贴边、袖口、裤线、拼缝等处熨烫时压力要大些，以保证彻底定形。

四、熨烫的时间

　　熨烫时间是指熨烫时烫斗在同一部位停留时间的长短，关系到定形效果对织物的影响。若时间过短，织物未能充分定形，时间过长，则织物局部受损。因此熨烫时在织物的同一部位应不停地摩擦移动。每次同一部位停留过热时间一般为1~2秒，移动过热时间一般为3~5秒，可根据具体织物和部位灵活掌握。耐热性好的织物、含湿量大的织物、厚型织物熨烫时间可长些，反之，时间应稍短。若一次熨烫效果不佳，可反复多次至熨烫平整，但不宜长时间停留在同一部位熨烫，防止产生极光和形成熨斗印迹或产生局部变色、熔化、炭化等。

五、熨烫后的冷却

　　温度、湿度、压力在一定时间的综合作用下会使服装完成定形，达到所需的新形状，但是如果缓慢冷却，则会恢复到熨烫前的状态。如果快速冷却，织物会在热量消失时状态稳定下来，不再发生形变。所以，快速抽湿冷却显得尤为关键。熨烫后只有通过急骤冷却，才能使纤维分子在新的位置上停止或减少运动，以达到完全定形。冷却有两种方法：机械冷却法和自然冷却法。机械冷却法是在熨烫完毕时，通过抽风机将水分、余热全部抽掉，即可迅速冷却。家庭熨烫可准备一把凉熨斗，进行一热、一冷定形。自然冷却法是熨斗离开衣物后自然降温，为加快速度，最好用口吹气，用电吹风机吹冷风，或挂在通风处进行冷却。

六、国际标准熨烫标识

　　人们对正确穿着、使用、保养服装等方面认识的不断提高，熨烫说明已成为服装必不可少的内容。国际上将使用、操作方法、注意事项以通用、直观的图形符号来表示，也就是通常熨烫标识。这些标识多钉在服装的侧缝内、衣领内侧或印在包装袋上，也可印在标牌上配挂在服装的某一部位，使穿着者了解正确的使用、保养方法。表9-3是国际标准熨烫标识。

表9-3 国际标准熨烫标识

中文名称	英文名称	图形符号	文字说明
熨烫	Ironing		低温熨烫；熨斗底板最高温度110℃
			中温熨烫；熨斗底板最高温度150℃
			高温熨烫；熨斗底板最高温度200℃
			垫布熨烫；不可直接接触熨烫
			蒸汽熨烫
			不能熨烫

第四节

服装的保管

服装在使用过程中，采用合理的保管方法是非常重要的。它可以提高服装的使用质量和使用时间，由于各类服装材料不同，加工方法有差异，因此选择的保管方法也不同，所以消费者只有熟悉各类服装产品性能特点，才能采用科学的保管方法，达到维护服装内在的品质和外观形态，避免保管过程中出现损害和变质。

一、服装保管常见问题

1. 霉烂

霉烂是微生物作用于纤维，破坏纤维组织的结果，其产生的原因是服装具有适宜于真菌、细菌等微生物生长繁殖的温湿度等条件，微生物在生长过程中会分泌出酶类，由于酶的作用，破坏了纤维，使面料强度下降，丧失了应有的服用性能。霉烂的防止，就是不要营造真菌生长繁殖的环境。在保管过程中，要使服装保持干燥、清洁和低温。

2. 脆化

脆化是服装在保管过程中经常出现的变质。脆化的原因一部分是由于面料所用染料及印染加工操作不当所带来的发脆变质，还有一部分是由于保管过程中受日光直接曝晒及长时间闷热，或储存环境过于潮湿，储存环境日久通风不良，或是接触腐蚀物等，都会引起脆化变质。预防脆化的方法，一方面在服装生产加工过程中注意面料中残留物的控制，另一方面，在保管过程中要注意防止服装潮湿和避免强烈阳光的长时间照射、受热、受风吹。

3. 变色

变色产生的原因一般是空气、阳光的氧化作用而使面料变黄褪色；此外，在生产过程中，面料含有的整理剂染料和油剂等残留物质作用也可使服装变色。变色的防止主要是使服装在保持过程中避免长时间阳光曝晒和保持储存环境的低温凉爽。

4. 虫蛀

虫蛀是服装在保管过程中常常受到的损害。服装一经虫蛀，一般无法挽救。因此对于虫蛀必须采用有效的防治措施。保管过程中一定要做到服装的洁净，保持服装的干燥通风以及放置樟脑丸等处理。

二、服装保管注意事项

1. 棉、麻服装

棉、麻服装属纤维素纤维，因此其在保管过程中一定要注意环境的温湿度。存放之前应使服装晒干，保管环境应干燥。同时深浅颜色应分开存放，以防沾色。

2. 呢绒服装

呢绒服装应放在干燥处，并以悬挂存放为好，存放时要把衣服反面朝外，以防褪色风化，注意通风或每月透风1～2次，放置樟脑丸应用纸包好，不要与衣料接触，以防其挥发而使面料造成污渍。

3. 化纤服装

人造棉、人造丝服装以平放为好，不宜长期吊挂，以免因悬垂而伸长。对于涤纶、锦纶等合成纤维服装，其存放没有特殊要求。

思考与练习

1. 简述各类纤维织物和服装的熨烫要点，并说明原因。
2. 简述各类服装在收藏与保管时应注意哪些事项。
3. 调研各类典型服装的洗护发展趋势。

参考文献

[1] 倪红.服装材料学 [M].北京:中国纺织出版社,2016.

[2] 陈东生,吕佳.服装材料学 [M].上海:东华大学出版社,2020.

[3] 朱松文,刘静伟.[M].北京:中国纺织出版社,2007.

[4] 王革辉.服装材料学 [M].北京:中国纺织出版社,2020.

[5] 孙繁薏,罗大旺.中国服装辅料大全 [M].北京:中国纺织出版社,1998.